U0130651

以愛斟滿，
用心品嘗

阿媽這杯茶

羅乃萱 著
張子蕎 繪

序

阿媽這杯茶，味道如何？

很喜歡這本書的名字：「阿媽這杯茶」，立刻就想到那是什麼味道？甜、澀、苦、鮮還是酸？

老實說，阿媽這杯茶，易泡嗎？一點都不易。

當孩子開始上學，甚至離家到外地唸書的日子，這杯茶是帶着澀澀的、不捨的淚泡的。

當孩子處於反叛的青春期，每句話都跟你頂嘴，那杯茶是帶着苦苦的淚泡的。

當我被夾在患病的上一代與功課壓力衝擊的下一代之間，那杯茶是帶着苦澀與委屈泡的。

但當孩子找到學習的樂趣，學懂自理獨立，媽媽泡的那杯茶，可是愈喝愈香甜……

初為人母時，覺得阿媽這杯茶，既難泡更不易斟。滿以為那些徹夜不眠餵奶換片的日子，已是當阿媽的極限。怎曉得更精彩的「好戲」在後頭，幼年的陪伴上學面對分離焦慮，小學的功課學習更是難關重重，中學大學的入學選科，還有孩子到外地升學的離情別緒，到學成歸來工作嫁人，至如今孩子已為人母我也升格成為「婆婆」，阿媽這杯茶仍在不停地泡，孩子的事，乖孫的事，仍在掛心張羅。原來，阿媽這杯茶是永遠不會泡完的。

但感恩的是，從一個完全的新手至從事親子教育工作二十年的歷練，至今已有種游刃有餘的靈活通透。正因如此，繼續筆耕不輟的將自己所見所聞所思，寫成《明周》一個月兩篇的專欄文章。

喜見今天這些文章能結集成書，更開心的是配上張子蕎同學的插畫。子蕎曾是我寫作班的學生，除了文筆了得，她的畫工更是才情洋溢，變化多端。於是邀請她為我的每一篇文章畫插圖，她的第一幅作品就是此書的封面，我一看就愛上了。

《阿媽這杯茶》，是我當了婆婆後寫的親子書，看到的視野更遼闊了。下筆的時候，也是帶着濃濃的愛孫愛女情懷寫的，希望你讀着，也被這份愛感染吧！

羅乃萱

目錄

茶之甜

茶之鮮

茶之酸

茶之苦

更年期大戰青春期？

這天，無意中目睹這樣一場親子的對話。

媽媽：你告訴我，為什麼説話這樣難聽？你知道人家的感受嗎？別人會怎樣看你嗎？……（媽媽説的時候，語氣很重，樣子繃緊，眉頭緊皺）

女兒：我只是回答他而已！

媽媽：你回答人家什麼？你知不知道這樣説話很難聽！（其實女兒還沒回答，媽媽就説是「難聽」了）

女兒：我只是回答他「不知道」而已……

母親一直追問女兒，語氣更是愈來愈重，甚至像她所説的「難聽」。

接着，她的女兒低着頭，一言不發。那位媽媽卻是愈罵愈兇，站在一旁的爸爸默然不語，可能怕惹禍上身。

女兒長得跟媽媽一般高，該是青春期的孩子。至於媽媽，看她頭上的斑斑白髮，該是步入更年期了。唉，難怪會有這樣的對話！

記得多年前曾獲邀到外地主持一個講座，題目是「更年期大戰青春期」，那天在座的，一半是更年期的父母，另一半則是青春期的孩子，彼此在講座中鬥吐苦水，我則嘗試調和。自此，發覺這是個不容忽視的題目。

過往面對孩子的青春期，總着重於了解他們生理上的改變，如男孩出現喉核，聲音變低沉，女孩月經來臨，還有兩者的情緒變化多端，渴求脱離父母獨立自主，甚至「朋友大過天」等等，都是青春期的特徵。

卻往往忽略了，當孩子步入青春期的當下，不少婦女正踏入更年期。同樣需要面對生理的退化（如停經）及心理的變化，如感覺恐懼、孤獨無助。因為孩子長大了，不再像從前那樣需要媽媽了。有一位媽媽曾問我，青春期的孩子需要什麼？因為孩子都只回答「不要」。媽媽欲插手幫忙，他少爺句句都是「不用，我自己來」，讓素來習慣為孩子張羅及安排一切的媽媽聽在耳裏，感覺很不是味道。

其實，我自己也走過類似的路。當中最難的功課，是三「鬆」：

鬆綁：知道孩子長大，不能再用規條甚至情緒勒索來綁住他，要一步一步的鬆綁，親子之間有商有量地協議，例如一起訂下出外回家的時間。

放鬆：更年期的婦女最容易出現緊張焦慮的情緒，容易將小事化大，大事想成無可救藥。所以一定要給自己時間空間，接觸一下大自然，或散散步讀讀書之類，讓自己心情放鬆，或跟老公看一場電影，吃一頓美食，學習愛惜自己，多培養與中年配偶如何相處吧。

輕鬆：這是一種心態的調整。心情的輕鬆從思想改變開始，其中一個要訣就是「換一個角度」(不要鑽牛角尖)。比方說，孩子對我們的問題不理不睬，一定是「不想溝通」嗎？還是另有苦衷？嘗試旁敲側擊，細心觀察，甚至容讓孩子不說，讓彼此都保有一個「私隱」的空間，好嗎？

說真的，更年期不一定要大戰青春期。**只要我們明白，任何年齡的孩子，最需要的始終是愛與體諒，那更年期大可擁抱青春期啊！**

父母急，孩子不急

做父母最忌諱的，就是心急。但偏偏，心急的父母，總會碰上愛拖拉又不心急的孩子。

眼巴巴看着時間一分一秒過去，孩子還是慢吞吞地吃早餐，穿衣服。最後，上學也差點遲到了。

眼看呈分試迫在眉睫，孩子就是不溫習，總覺得將來考進哪所學校都無所謂。心急的媽媽卻認為，進不了名校，孩子就沒前途可言。

眼看人家的孩子，總是乖乖地做功課溫習，自己那個卻整天在打機，怎罵都沒用。媽媽急得如熱鍋上的螞蟻，生怕孩子染上「機癮」，從此一蹶不振。

父母的心急是應分，也是難免的，但往往對孩子起不了大作用。為什麼？

曾有學生告訴我，那是因為父母心急的表現，他們早已司空見慣。

「媽媽講來講去都是那幾句，早就料到！」所以他索性「扮聽」，其實是「左耳入右耳出」。教導孩子寫作多年，發

覺他們最感興趣的是「估你唔到」。就是猜不透老師在玩什麼把戲，就是那些出乎意料的想法與說法。

我們總以為孩子是一部機器，輸入指令，他就會自動自覺去做。其實，世界上很少這樣「生性」的孩子。現在看見人家的孩子如此懂事，其實是父母花盡心思修煉良久而成。

就像友人的兒子不愛拼字，她就想了很多遊戲，例如把英文寫在孩子愛吃的食品上，或是每天跟孩子抽卡片比賽拼英文單詞等，寓溫習於娛樂，孩子的學習態度就變得積極起來。

「你的意思就是任憑他自暴自棄，放棄溫習是嗎？」我哪有這樣說過，只是苦口婆心地提醒父母，既然催促他責罵他管制他都沒有作用，有否想過用別的方法來改變或鞭策孩子？

不過我最反對的，還是父母過分心急對孩子來一招「揠苗助長」，逼孩子學習比本來他需要學的程度艱深的東西，滿以為這樣他可以快人一步，怎料卻把他僅餘的一點點學習興趣都磨滅了。曾經見過一個孩子，因為媽媽逼他學習高人一班的課程，讓他備受壓力，最後招架不住，甚至拒學。

當然，平常人家的父母，很少會走到這個極端。但一般的父母最愛問的問題是：「那要嘗試多少種方法？要試驗多久？」我不知道，因為每個孩子都不一樣。唯一能夠說的是，**不要放棄對孩子的期望，不要對着他的弱點作出貶低指點。反倒要常常關注留意，着重找到孩子的潛能亮點。有一天，孩子也會在得到父母的欣賞之下找到自己所長，自動自覺地學習起來**。這種例子在青少年身上，屢見不鮮。

父母心急，但仍然要避免的事情是：口出狂言。有位媽媽告訴我，她心急起來就會罵孩子，縱使心中不想，但話還是說了出口。

心急的父母們，放孩子一馬，讓他試試自己跑吧！用我們鼓勵的眼神看着他，跟他說：「努力試試，相信有天你一定做得到的！」這類的話，孩子會銘記於心，甚至影響一生。就讓我們忍忍口，也忍忍心，讓孩子試試跌碰。終有一天，他會走出自己的一片天空來！

媽媽的心結

這天，一位單親媽媽跟我聊起該怎樣獎勵孩子，沒想到她出手竟是這樣闊綽。

「那天，女兒説要換一部新手機，看見她一副渴望的樣子，就立刻帶她去買，而且是最新型號。沒想到用了幾個月，她又説要換另一個牌子。我當然不答應，她居然説不買就是不愛她。怎辦？」

「你就跟她説要先用這個型號，幾年後才可以換新的，現在不行！」

「但她覺得拒絕她就是不愛她的表現，我怎樣解釋都沒用！」

但問題是，為何她這樣在乎女兒怎麼想？**孩子覺得媽媽做不到有求必應就懷疑媽媽對她的愛，這是徹頭徹尾錯誤的觀念啊！**

「因為孩子的爸爸跟第三者走了，沒了爸爸，已很可憐。她很想擁有爸爸的愛，但爸爸卻對她愛理不理，我總是覺得虧欠了她。所以她要什麼我都盡量滿足她，彌補她失去的父愛。」

終於明白了。她這樣做的原因，是想補償孩子。孩子也看準了她這個弱點，對媽媽予取予求。

這是我見過不少單親媽媽的心結，總是覺得自己虧欠孩子。其實，何止單親媽媽，不少雙職媽媽，甚至家庭主婦都有這種心結，就是覺得自己做得不夠好，不是一個「一百分」媽媽。遇到孩子出了什麼問題，例如成績不好，學習態度懶散，又或者偏食等等，都會想說是否自己過往做錯了。心中隱隱的那句話：「都是我不好！」就冒了出來。罪疚感一來，就作出補償，孩子的眼睛比我們「精靈」，當然懂得怎樣「趁機吸納」。

為了求好，為了讓孩子有一個我們心目中「美好」的未來，對孩子「有求必應」之餘，也會對他「有所要求」。如希望他上雞精補習班，獲得更好的成績，將來可以考進更理想的學校；如覺得他在音樂方面一無所長，就要求他去學大提琴；孩子取得八十分仍覺得不夠好，下次要求他要考九十分，得到了九十分，就想他考一百分等等。

孩子在媽媽的種種要求與重壓下，當然會反抗。

「為什麼要我學大提琴，那提琴好重啊！我根本不喜歡！」

「你現在覺得不喜歡，學着就會愛上的，媽媽花這樣多錢讓你學，都是為你好！」

「我最討厭數學了，為何要去補習？」

「媽媽就是知道你數學差勁，所以要你補習，這樣才有進步。你以後就會感謝爸媽的付出，明白我們都是為你好！」

見過不少孩子（包括自己在內，哈哈！），也是在父母的半推半哄下，勉強去學或讀自己不愛學的興趣，讀自己不愛讀的科系。至孩子長大後才發現，小時候我們口口聲聲説「為他們好」的學習，成長後他們連碰也不碰。像我昔日被迫考進了數學系，唸畢大學就把數學課本全扔掉，現在還記得那種解脱束縛的快感。

媽媽啊媽媽，但願我們看清這種心結。**接納自己只要盡了力就是孩子最好的媽媽，不要再被「都是我不好」或「都是為你好」的心結困擾着親子關係啊！**

媽媽的自責

為人母最大的心理敵人，就是「自責」。不少媽媽都會跟我說：「不知道這樣做，會否害了孩子？（或破壞彼此的關係）」

她們做了什麼？

對幼兒的媽媽來說，可能是讓他試試獨睡，但孩子大哭起來！

對孩子步入兒童期的媽媽來說，可能是發了趟脾氣，跟孩子說了些語氣很重的話，孩子就說「我不要你！」。

對孩子步入青春期的媽媽來講，可能是因為一些規矩跟孩子大吵起來？孩子一氣便奪門而出。

坦白說，這些所謂「過錯」，很多父母都犯過。記得自己初為人母時，就因為不能以母乳餵哺孩子好生內疚，總覺得虧欠了孩子什麼似的。很擔心沒有母乳的孩子，將來身體會健康嗎？情感上會否跟媽媽比較疏離？

還好那個年代資訊不多，那些擔憂很快就被忙碌的工作取代。但如今就很不一樣，常聽到年輕的媽媽說擔心這憂慮

那，常怪責自己算不上一個「好媽媽」。

「**當你懂得為孩子設想的時候，就是一個好媽媽了！**」這是我給她們的安慰。

不過骨子裏，母親最難勝過的，是對自我的要求，是那種揮灑不掉的「完美主義」。那就是：本來已做足八十分，但見到隔壁黃師奶對孩子的無微不至，又覺得自己「不及格」啊！

這也難怪，因為我們從不知道怎樣當媽媽。很多時候都是從上一代身上學習而來的，而上一代更沒什麼方法可依。

只是到我女兒的這一代，咱們這輩人已對親子教育有較多認識，加上網絡資訊豐富，還有坊間也出現了各式各樣的親子教育書籍，從過去資訊貧乏到今日的資訊氾濫，這一代媽媽面臨的另一個試驗是：不懂得怎樣分辨選取，哪種才是對孩子最好的方法。

所以她們通常是從嘗試和錯誤（trial and error）中逐步改進。但對那些帶着點完美主義的媽媽來講，總會有那麼一瞬間，覺得這樣教養孩子不對勁，感覺自己不配當孩子的媽媽，或因為跟孩子一時的衝突，自責內疚，甚至情緒崩潰。

面對母親的這個通病，愚見認為：**一時的自責無可避免，也幫助我們反省改進。但若每遇困難都自責的話，就要小心是否已掉入憂鬱的陷阱了。**

可以跟孩子分擔哀傷嗎？

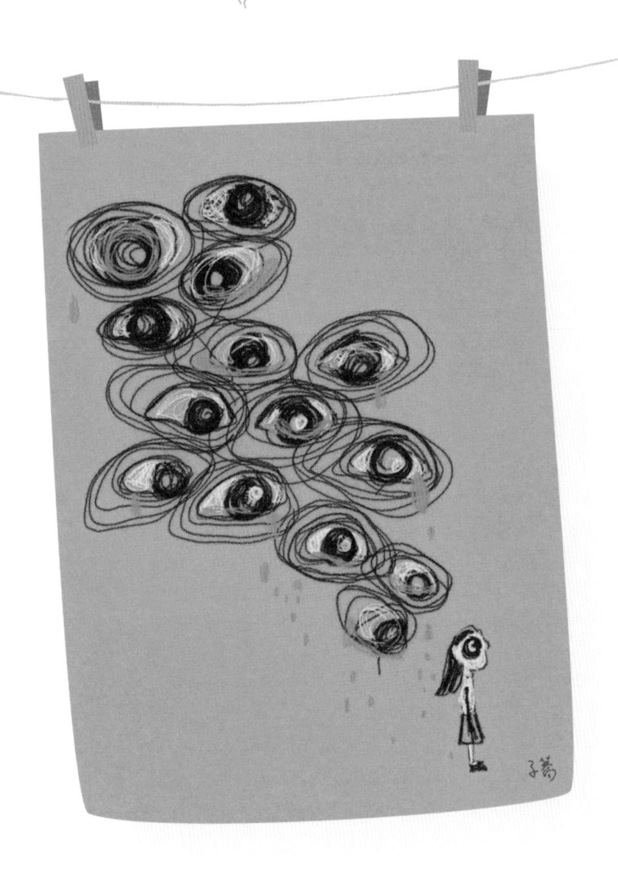

這天見到她，因為失去摯愛的母親，哭得死去活來。但又怕讓年幼的孩子知道，所以就找個可倚靠的肩膀來大哭，這天，我就成了她的「肩膀」。

「我不敢告訴孩子，怕她會受驚！」所以，她就騙孩子，「婆婆去了好遠好遠的地方，要好久好久才回來。」

孩子因為見不到常見的婆婆，每天都在追問。孩子的媽怕孩子知道婆婆已經去世，會感到恐懼或做噩夢，所以隻字不提。只是這樣下去，孩子仍會追問，也不是長久對策。

「試試跟她說說看，最好的方式，就是繪本！」我隨手將幾本可以跟孩子談死亡的繪本推薦給她。如《親愛的》（幸佳慧 ，小天下）寫的是年紀小小的豌豆面對母親生病過世，或《雲上的阿里》（城井文，親子天下）寫的是離開的小綿羊阿里怎樣從雲上找到長長的繩子爬下來地面跟媽媽的互動，還有我最喜歡的那本叫《可以哭，但不要太傷心》（內田麟太郎，大好書屋）寫的是爺爺去世的獨白，道出對乖孫的不捨與期望。最愛的是爺爺說的這句話：「**你可以哭，但不要太傷心……我最愛的，還是那個笑容滿臉的你……**」不正正是逝去的親人對我們的期許嗎？

還記得女兒四歲時，摯愛的媽媽離開，身邊不少人送上安慰，但也不及告訴孩子婆婆去了天家，她畫了一幅夢中的婆婆的畫，帶給我莫大的釋放。因為畫中的婆婆是被四位含淚的天使接走的，不知怎的，看到畫的那刻，更篤定相信媽媽真的在天家安息，深感安慰。

別以為孩子不懂哀傷的滋味，不能承擔「失去」。其實他們純真無雜念的心，能看得更通透。

當然，我不否認也有孩子會因為親人的逝去感覺失落難過，所以**繪本正正是一個絕好的媒介，讓親子了解不同的人對悲傷的反應，幫助孩子透過繪本的主角將哀傷的情緒表達出來，並可多角度討論生死議題**，有些繪本更建議孩子發展與逝去的親人情感聯繫的方式，如在《可以哭，但不要太傷心》一書中，爺爺就提醒孫兒，他們曾「一起聽過大葦鶯在叫，一起捉過紅蜻蜓，一起牽着手過馬路」，這種種都是爺爺跟孫兒共同的、鮮活的回憶，是不能磨滅，也是彼此情感的牽繫。

哀傷，特別是親人去世的哀傷，是可以讓孩子與我們一同分擔，畢竟，我們跟逝去的、所愛的家人，都是一家人啊！

別以為孩子不懂哀傷的滋味，

不能承擔「失去」。

其實他們純真無雜念的心，

能看得更通透。

童年陰影

那天，在辦公室接到港交所邀請去分享親子教育主題的電話，既驚喜又戰兢。原因是，從沒想過有機會進入這個曾口口聲聲說「這一生也不會接觸的地方」，所以心情是複雜的，是驚訝與戰兢交錯的。

也許你會奇怪，為何對港交所有這樣一種斷然拒絕的情緒。這跟我的童年回憶有關。

因為家父跟家母都是任職股票經紀，家母更是股票市場裏的第　位女經紀，風頭一時無兩。但也因為這個緣故，家中每天的情緒指數就跟「恆指」掛鈎，如果那天指數跌的話，就會見到父母憂愁的臉容，甚至兩人會因一言不合就大吵起來，後來父親更得了嚴重的抑鬱症。所以，自少年時期開始，我曾對股票或交易所等地「恨之入骨」，視之為家庭失和的元兇。

長大了才明白，這就是童年陰影，也是童年傷害。

到底，怎樣知道自己是否經歷過童年傷害？試過一個簡單的遊戲，就是用五個形容詞，來描述你的童年。你會寫下什麼？快樂、難忘、被父母懷抱深愛，還是恐懼、擔憂、吵架、被罵？怎樣的描述，就代表曾擁有怎樣的童年。

美國 Felitti 醫師曾發表「童年逆境研究」(Adverse Childhood Experience Study，簡稱 ACE)，邀請了一萬七千多位中產階級回顧童年經驗，發現兒時經歷愈多逆境的人，成年後有較高機率得到各種身心疾病（如焦慮症、憂鬱症、癌症等）。而他指的**童年逆境是讓孩子感受到恐懼害怕的「毒性壓力」，如言語肢體暴力、父母離異、被父母吼罵嘲諷羞辱、性侵害等等，都深深影響孩子日後的自信與發展。**

對我來說，深深慶幸長大成人後，有機會參加一些心靈成長課程，好好審視童年的逆境創傷。記得某趟回想昔日面對父母大吵的情景，仍不禁大哭起來。但知道與明白了自己的過去，讓情緒得以抒發，也逐漸幫助我從回憶的谷底重新站立。

就像這天，我帶着興奮與萬般感觸，站在港交所的講台上。告訴聽眾說：「我曾說一生不踏足這個地方，因為父母是做股票的，也因為股票讓我的家永無寧日……但今天因為信仰的緣故，我釋懷了，也深深相信，在天家的父母會因為我能站在這兒分享而感到驕傲！」

我含着感激的淚把話說完，也隱隱見到聽眾中有含着淚光在聆聽的。心靈與心靈聯繫共鳴，就是這個樣子吧！

怎樣知道自己是否經歷過童年傷害？
用五個形容詞，來描述你的童年。
你會寫下什麼？

疫情下的緊張媽媽

在疫情陰霾籠罩下的日子，親子關係格外緊張。

有媽媽告訴我，每天二十四小時對着孩子老公，從前覺得是福氣，現在卻覺得是困獸鬥，是受罪。

也有媽媽跟我説，覺得自己很不濟，沒辦法督促孩子做功課。

每天二十四小時的相對，讓緊張的媽媽更緊張，連那些平日不緊張的，也會緊張起來。

緊張什麼？除了張羅食物，看看家中的清潔消毒用品是否足夠，更要面對每天「孩子想出街」的要求。老實説，這要求很合理，但卻很冒險。不過最近逛超市（老實説，一有機會我也會捉緊老公要他跟我到超市買點什麼，雖然明知要買的不多！哈哈！），總會見到一家大小在看看逛逛。大家不怕病毒嗎？不。但比鬱悶在家，找個藉口出來逛逛，畢竟情有可原。

上街歸上街，看看四周，疫情下的緊張媽媽，仍比比皆是。不過，這天上網瀏覽，卻無意中看到一位媽媽如此描述：

「在一片在家隔離的勸喻中，我並非一位好媽媽。

「因為我的家中，沒有功課列表，沒有家務列表，更沒有那些孩子做了什麼就貼上星星的大表貼在牆上。

「家中有的，只是更多的零食，更多的電影觀賞，更多一家人玩的電子遊戲……」

看到這兒，我已發出會心微笑。忍不住「轉貼」，還加了一句：「換了是我，也會做同樣的事！」**雖然作者自稱不是好媽媽，但看她如此體貼用心對孩子，這就是母愛，有何不妥？**

嘗試從另類角度看看，疫情留家的日子，真是千金難換。而學習就真的只有完成作業嗎？可不可以讓孩子上完網上的課程，就跟他玩玩自創的遊戲？這陣子網上類似的玩意多的是，如那個叫 Kids Art & Craft 的臉書，就有不少跟孩子在家玩的點子：那天看到的，是把正方形的摺枱斜放，然後從上丟下不同的筆，它們就會沿着桌子滑下來，爸爸在上邊放，孩子拿着籃在桌下接，已是一個親子之間樂此不疲的遊戲。對於我這個想學繪畫又不知從何着手的大人，這個臉書也有不少教你簡簡單單就能畫出生動圖畫的方法，看後讓人生了躍躍欲試的衝動。

不錯，疫情之下，每個人都會緊張。尤其是生性敏感的女人。**但懂得換個角度思考，就能化緊張為創意，讓親子關係其樂融融了。**

疫境中的情緒起伏

滿以為疫情會過去，怎麼知道它卻賴死不走。每天看着電視，報告又有多少個新冠肺炎個案，多少人去世，限聚令又會延長多久，在家工作還是大膽上班……每天對着電視、手機，看着聽着轉貼着，人的情緒怎能不起伏？

像她，爸爸住院，病情反覆，卻不能探望，讓她情緒低落。

也有朋友告訴我，每天的日程都被打斷，計劃要改，什麼都會變，有一種強烈的失控感。

更有朋友説，每天都聽到不同的建議，哪種消毒液真的可以消毒，哪款的口罩真的有效，每個説法都不同，搞得她也糊塗了。

當然最可怕的是這段日子，如果身體不適，喉嚨稍癢，或者咳一兩聲，都會讓人心緒不寧。

是嗎？如果將這些憂慮的單子一直寫下去，恐怕還有很多很多。

但當中有些我們控制不來，有些卻是我們可以控制的：

比方說，我們不能控制口罩廁紙清潔劑的價格，但卻可以控制買它的數量。

我們不能控制每天疫情的數字，但可以學習每天勤洗手戴口罩跟人保持社交距離。

我們不能跟好友出外吃飯聊天，但可以用社交媒體網上見面來聯繫友誼。

當人被孤立的當下，負面情緒與想法就會傾巢而出。但近半年來的操練，身邊有些朋友已經懂得與之為友，應付裕如。**最近讀過一位心靈大師 Thomas Moore 的文章，提到在疫情下每個人都進入一個「樽頸位」。有人在此感覺窒息，但也有人堅持在疫情中學習不同的功課：**

珍惜：珍惜難得一家共聚的時光，與家人好好溝通，這些都是過往被忙碌的生活所剝奪的。

創意：在網上會見到很多新晉的「廚神」，身邊很多朋友開始積極做麵包甜點，每天把冰箱的菜式重新配搭。像我那天就用白蘿蔔加冬菇黃芽白豬肉片還有吃剩的餃子，做了一個美味的一品鍋。

思念：原來在疫情中，腦海會浮現很多掛念的人。不要吝嗇一個短訊，一張圖片的問候，特別對那些獨居的長輩來說，實在是無比溫暖。

收拾：留在家中最容易做到的事，就是把家居收拾乾淨整潔。可以從一個角落開始，別太操勞。

運動：不能到街上跑，可以在家做做伸展運動，網上這類視頻多的是。我最近就在做一個「青蛙式」的伸展，幫助放鬆了背部的肌肉。

同行：即使不能見面，也可以跟憂傷者同行。每天把一些正面的圖畫訊息，或簡單一句問候，送給身邊頑疾中正在治療中的至親好友，也是一種陪伴。

但願疫情過後，我們都變得更聰慧，更有愛心，更懂得與人連結。

照顧者的壓力與隱憂

好久沒有跟友人共聚，這天好不容易約到她，在餐廳侃侃而談近況的時候，她突然説了一句：「媽媽已住院兩個多月，不知何年何日才能出院……」身為大家姐又單身的她，本來跟媽媽同住，現在老媽住院，更要肩負每天探望的責任。因為已婚的弟弟妹妹會每天跟她通電話，打聽老媽病況。

「你一定很累了！」

「是啊！但有誰知道，關懷呢？」聽到這句，心有戚戚然。

這位友人，正是一位不折不扣的家庭照顧者。怎樣定義家庭照顧者？在網上的資料顯示，就是為「患者因殘疾及長期病患而有別人照顧其日常生活，並在一星期內照顧他們最長時間的人士」，友人實在當之無愧。

這些照顧者承受着長期各式各樣的壓力，如獨自承擔找不到資源輔助，身體疲累甚至抑鬱病發，不懂得怎樣處理被照顧者（特別是父母長輩）的情緒，更難搞的是找不到「替更」。

「對啊！如果今天不是三弟願意去探訪媽媽，我也很難抽空跟你午餐啊！」好友說，她幾乎沒有自己時間。每天都在照顧媽媽，過往母親身體好時，還可以送她到老人中心，自己下班把她接回家。現在嘛，每天都盡量去探望，也不敢再找工作。更難過的是，經濟上全靠弟妹供應。

「媽媽自患病後，性情大變，脾氣變化莫測，又常常說自己快死了要上天堂，我實在應付不來！」知道啊！這是最難應付的一關。記得老爸離世的那一年，就是常常跟我說「我快死啦」。每一趟我都藉故避開話題，直至有天，他帶着哀求的眼神問我：「女兒，可以幫我做一個禱告，求上帝爽爽快快把我接走，像你媽般瀟灑，好嗎？」抵不住他那真摯哀求的眼神，我雖帶點勉強，但仍為他做了一個這樣的禱告。結果一個月後，他就中風倒地，進醫院住了幾天便返回天家，如他所願。

坦白說，面對眼前這位照顧者，我是充滿同情與憐憫的。知道實在不易為，身為好友的我能做的，便是嘗試勸她別「獨自」承擔，要弟兄姊妹分擔一下，好讓她一星期都有半天喘氣的空間，也提供了一些協助短期紓緩壓力，特別在醫護照顧上可給予幫助的機構名單，讓她知道身邊有人愛惜欣賞。

照顧者啊！知道大家都在默默為家人付出，但欣賞你們的人少，要求的人卻多。深深盼望家人懂得珍惜道謝，讓照顧者的路不再孤單！

面對眼前這位照顧者，
我是充滿同情與憐憫的，
深深盼望家人懂得珍惜道謝，
讓照顧者的路不再孤單！

最難相處的人

中秋的日子，做了一個有關家人的節目，題目叫「思念」。談的是每逢佳節倍思親，就是對逝去親人的懷念。沒想到的是在臉書專頁收到一些迴響，談到自己跟家人關係疏離，就算到了中秋，也寧願不見面以免見到會「面左左」。

讀到這些回應，知道寫的人心裏也不好受。那種矛盾就是：**很想跟家人親近。但現實卻是：話不投機，實在疏離。**也有些因為移民或種種原因，地域上難以見面，話題也不多，疏離是可以預測的。

最難搞的是，同住一室，卻感覺彼此漠不關心，大家連問候都不多一句，那才是要命的。

像萍，她的父母本有六個孩子。父母在生，過年過節一家人怎說都會聚一聚。怎知隨着父母去世，六個弟兄姊妹也漸漸疏遠，一年見一兩次已是「給足面子」，有些兄弟更索性避而不見，彷彿往日手足情誼，早已化為烏有。

聽過另一個故事則是，本是一家人的聚會，怎知道大哥邀請了一大票好友前來，將家人變成「旁人」看待。最難過的是拍大合照時，竟是好友坐大哥兩旁，家人竟被冷落「後方」。聽到作為家人的婷流着眼淚訴説這段「往事」，只能默

默安慰她說：**不要緊，還有我們這幾個「老友記」。話雖如此，但深深明白「家人」的位置，是無人可以取代的。**

面對家人之間的疏遠情誼，可以怎樣？也許，我們需要學習的是，家人理論上是最親近的，也是最容易把自己真實一面給對方看到的（這真實一面包括臭臉、黑臉等）。我們可以對旁人客氣，但對家人卻是「不客氣」。也因如此，那張家人之間「疏遠」的底牌，是無從掩飾，會揭露無遺的。

至於家人之間為何疏離？天時地域的阻隔可以是一個原因，但更潛藏的理由可能是父母的偏愛，讓手足之間早有芥蒂。又或者沒有手足緣，意思就是彼此沒共同看法價值話題，雖然同是父母所生，卻有着截然不同的個性，這也是可能的。

那可以如何維繫？**保持距離，免傷和氣**，這是忠告。至於邀約相聚，要有被對方婉拒的心理準備，即使少見面，也無法擺脫彼此是親人的關係。到對方有需要，特別是身體抱恙時，還是要多加問候的。因為人到生病時，才知道身邊最關心自己的，始終是家人。

很多人說，人際關係中最難相處的，是親人。但偏偏又要學習，避無可避，但願我們在這一門人際學科上，都願意當一個好學生吧！

我們可以對旁人客氣，
但對家人卻是「不客氣」。
也因如此，
那張家人之間「疏遠」的底牌，
是無從掩飾，會揭露無遺的。

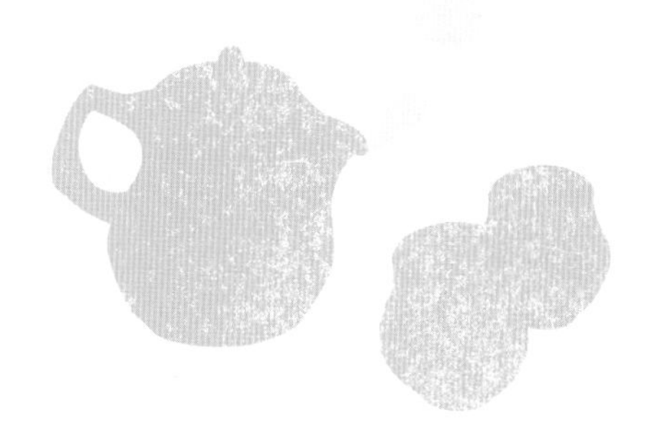

茶之灄

別剝奪孩子冒險的機會

本以為移民外地，孩子的教育問題有所改善，家長的困惑也會變少。

其實不然。

這趟到外地主持華人社區的家長講座，發覺家長的問題跟香港的沒兩樣。

「孩子愛打機，怎辦？」

「孩子上學拖拖拉拉，總是遲到，點算好？」

是否似曾相識？但眾問題中，最擔心的是他跟她：

「我們的孩子各方面都不錯，只有一個難題，就是膽怯害羞。叫她嘗試什麼她都卻步……再逼她的話，就哭！怎辦？」

在父母口中，這個孩子很難搞。鼓勵她幾句，聽了就當耳邊風。總之嘴邊掛着的兩個字，就是「怕」與「難」。

如果問我，認識的孩子之中，十居八九都是膽小的。這

不能怪他們，**要怪就怪咱們當父母的，太過照顧與保護周到，讓孩子遠離一切危險，甚至杜絕冒險**。就是：對新的事物，不會鼓勵他去嘗試，即使孩子長大了，也要規管在視線範圍以內。

「請舉例說明，你想鼓勵膽怯的孩子去做什麼事情？」

「跟陌生人打招呼，她也不敢！」其實，這是禮貌。不一定是膽怯。

「那有沒有鼓勵孩子去玩些新的玩意？如騎腳踏車？」

「那樣危險的玩意，不要啦！」

難怪孩子會一直躲在媽媽的背後，什麼都不願意嘗試。

鼓勵膽怯的孩子，不能操之過急。要慢慢來，否則他會很抗拒。請記着，從膽小變得大膽，是一個漫長的過程。

如孩子很怕黑，千萬別把她丟在一個黑漆漆的房間，要她學習在黑暗中安睡，會適得其反。先開燈讓她睡着才關燈，但要留一盞小燈開着，好待她醒來不致驚惶失措。

不過更重要的，是家長的身教。如果我們什麼事情都大驚小怪，呱呱大叫的，孩子也會跟着有樣學樣，什麼都「驚」一大餐。

此外，就是對孩子犯錯的態度了，如果讓他試試玩訓練眼界反應的擲波波，若波波擲中家中花瓶，我們會破口大罵「你知道這花瓶多少錢買回來的嗎」，還是跟他説「知道你不小心擲破了花瓶，這可是媽媽心愛的。不過明白你是無心的，下次小心點啊！」讓他知道，雖然今次失敗，還有「下次」。

這趟公幹碰到一位爸爸，他告訴我年輕的兒子正在學開車。怎知改天見到他時，他的車子真的被「刮花」。那他有何反應？

「知道兒子學開車，早就『預咗』車子會刮花。初學開車，人人都會出點小意外的，此乃常事！」

這正是為人父母應有的胸襟與模樣。**要孩子離開父母的保護，踏出一步走出他的安舒區，父母就要讓他嘗試，接納**

他會跌倒受傷犯錯，但永遠要給他鼓勵與機會，讓他可以再接再厲。

當然，朋輩的鼓勵與讓孩子嘗試某些冒險行動如攀石之類，都是不錯的。特別是有伴同行打氣鼓舞，對少年孩子願意踏出冒險的一步，是最有力的推手。

咱們當父母的，千萬別灰心啊！孩子今天膽小，只要我們不再剝奪他冒險的機會，他的膽子就會愈來愈壯大的。

鼓勵膽怯的孩子，

不能操之過急。

要慢慢來，否則他會很抗拒。

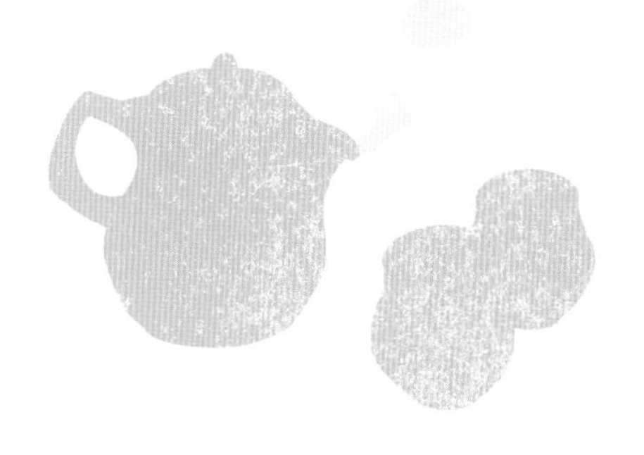

孩子最怕悶？

現代孩子最常說，也最怕的一個字，就是「悶」。

所以，為了怕他們悶，年紀小小，就給他手機作樂。讓他從小習慣色彩動畫的刺激，忍受不了一刻鐘的沉悶。

年紀稍長，上學讀書，回家對父母埋怨說：老師教書好悶，所以「沒心機」聽，彷彿「悶」就是無心向學的擋箭牌。

再大一點，要上興趣班了。上了好一陣，便喊「悶，不好玩」。就算付了學費，孩子不想去，父母也不敢強迫。

這樣的例子，比比皆是。當孩子不能忍受悶，父母就不停地給予娛樂。就算唸書求學，也是以孩子的快樂為依歸。

坦白說，這世界真有絕對快樂的學習嗎？每天二十四小時，真的一點悶也不能忍受嗎？**為什麼不告訴孩子，學習怎樣在沉悶中學習，如何在悶中作樂，正正是人生的必修課。**

記得女兒小時候，也很愛說「悶」。

「媽媽，這個班好悶啊，不想去！」

「學習一定是有沉悶重複的一環，過後，你就會發現學習的樂趣。」這是我給她的解說。

由於她是家中獨女，悶，沒有人陪着玩，更是她常要面對的狀態。

所以，家中養了一頭貓，閒時她會跟貓咪聊天。

所以，假日一到，就會約表哥表姐或同學一起玩耍聊天。

所以，平常日子，我會跟她多聊天，引導她去玩一些個人遊戲，如砌砌拼圖、Lego 之類。不知是否日子有功，練就了今天女兒能很快將家具組合的特快神功。

所以，我會在家中安放大量書籍，跟孩子說「悶的時候，最好拿一本喜歡的書來讀」，讓思緒走進童話夢想的世界。

悶，是一種心態。懂得解悶，是一種可以鍛煉的能力。

記得有一年，跟孩子在北京度假，她突患感冒不能外出，一家躲在旅館。為了打發時間，我就拿了幾條紙巾，揉成一團團，讓一家三口玩擲紙團進垃圾桶的比賽，玩得不亦樂乎。那刻更發現，**只要動動腦筋，隨手可拾都是「玩意」，可以化沉悶為樂趣**。

記得那天，在泳池邊見到小小年紀的他，來來回回游了數十個塘，直至喘不過氣。問他這樣重複又重複地游，辛苦嗎？

他笑笑說：「有點！」

「很苦悶吧！這樣游來游去好像很沒樂趣。」我故意逗他。

怎知他卻這樣回應：「不，因為我想破自己的游泳紀錄，哪管多辛苦沉悶，我都會努力的！」

看着小伙子炯炯有神的雙目，我知道當他心中有夢的時候，那怕再辛苦沉悶，都是值得的。

不錯，現代孩子最怕悶。為人父母的，卻千萬別因怕他們悶，而讓他白白失去鍛煉耐力堅持的機會啊！

孩子被欺，父母最氣

最近，常聽到家長向我陳述孩子被欺凌的事件。年齡層從幼童至青少年都有：

年幼的孩子，因為長相的緣故，某同學替她改「花名」，每天取笑她，讓她難堪。孩子不懂得怎樣應付，只有拒絕上學。

進入小學階段的孩子，可能因為好勝説了一句氣話，被同學標籤，説他脾氣壞，還叫其他同學在休息時不跟他玩，讓他飽嘗孤立的滋味。

至於唸中學的孩子，則因為被老師説了一句「你是一個差勁的學生，你的英文成績永遠不會好的！」就此意志消沉，提不起勁讀書。

以上都是聽回來的欺凌事件大綱。情節都是雷同的，就是父母見到孩子有異常行為，如高度敏感，甚至大哭大鬧不想上學，或者抑鬱在家，卻找不出原因。直至某天才發現，原來孩子在學校被人欺凌。

「為什麼你被人欺負，也不告訴媽媽？」這是母親最常問的。

年幼的，原因很簡單，就是不懂得怎樣表達，將發生在自己身上的事告訴父母。為人父母的，就要像當一個偵探般，懂得問孩子問題，並在其中抽絲剝繭，找出「元兇」。如問他：班中有哪個同學你不愛跟他玩？跟他玩過什麼？他有否很兇對待你等等。

至於年長的孩子，父母如能將自己代入他們的位置，就會較為明白：一方面怕父母覺得他大驚小怪，小小事情都不懂應付。另一方面是不想父母操心，覺得自己能應付自如。其實讓孩子試試怎樣面對也好，但見到鬱鬱寡歡，甚至不大情願提學校事情的孩子，可以多點打聽他在學校的狀況，就會有多點發現。直至發覺他原來被同學孤立欺負，找到證據後，可嘗試向老師表達。表達時可以平衡點，不是一面倒的怪罪對方，並**朝着怎樣解決與安撫孩子的情緒為出發點**。

至於孩子被欺負，父母生氣是難免的。但是否要出頭？如那位老師出言侮辱，出頭的話是想得到怎樣的結果？都是要詳細考慮的。

更重要的是，從這些事件中，**引導孩子要劃下底線，懂得保護自己，別再任人欺負啊！**

為人父母的，就要像當一個偵探般，
懂得問孩子問題，
並在其中抽絲剝繭，找出「元兇」。

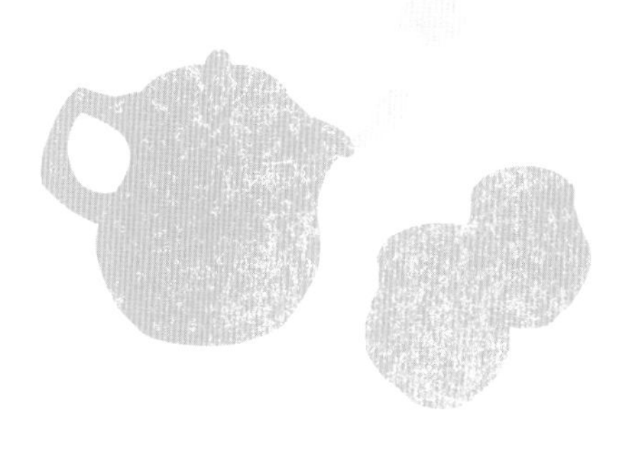

捨不得

為人母最大的心結就是：捨不得。

第一次離開孩子，揮手跟她道別上班去，她哭至雙眼紅腫。回頭一望，百般滋味湧上心頭。

第一次送孩子上學，她抱着我的雙膝不放。但為了她的好處，還是硬着心腸頭也不回地轉身離開。

第一次送孩子到外地讀書，在學校跟她説「再見」那刻，忍不住回頭一望，更是萬般不捨。這趟頭也不回之際，卻發覺自己已哭至淚流滿臉。

滿以為孩子學成回港投入工作，這種「捨不得」的情結會稍稍紓緩。怎知在孩子出嫁的前後，知道她將嫁作人婦，真的要離開這個家，那種既開心又難過的心情，難以言喻。還記得她嫁人的翌日，在浴室見到她常用的漱口杯，忽發思念而大哭起來。

捨不得你長大，捨不得你離開，更捨不得你嫁人……嗚，嗚，嗚，是我這等感性媽媽最難跨越的關口。

有人説：既然捨不得，為何不阻止？

不。總覺得為人父母，不能自私。如果她的選擇去向，是對將來或前途有益的，為何要攔阻？但難就難在，理性上知道，感性上依然不捨。

看着孩子逐漸成長，我要學習約束的，就是這種「捨不得」的情結。若讓之過度膨脹，就會產生很多無端的憂慮，總覺得孩子仍小，什麼都不懂得，要為她張羅一切。她去上學，就為她收拾書包；她出國了，就陪她到外地預先安頓；她出嫁了，就為她準備嫁妝。**為防自己陷入這種迷思，就要調和（或沖淡）這種捨不得的心態，否則，孩子永遠不會長大，我們也不肯放手。**

但談何容易？這也曾是我的情結。總希望孩子銘記媽媽為她所做的，不知不覺間，便會愈做愈多，愈做愈覺得不夠！記得孩子要離港赴美讀書的那陣子，腦海裏不斷浮現該為她準備藥包、毛巾、行李箱等等，購物表總是沒完沒了……到一個地步，孩子説：「媽媽，很多東西到那邊看看才決定吧！到時都不知道是否需要……」

被孩子這樣一提，我知道該收手了。

當然另一方面，捨不得的也是感情。跟孩子相處這樣長的一段日子，看着她獨立成長，不再需要媽媽的蔭庇，已不容易。到看着她遠走異鄉振翅高飛，更是心痛難捨。所以後來，至孩子結婚，老伴買了一頭柴犬，以解我思女之苦！

不過想想，因為對孩子深情，才會捨不得。如今，見到孩子出門跟兒子揮別，乖孫大哭，女兒難捨轉身一抱。

這趟，輪到她要面對這「捨不得」的功課了！哈哈！

一句話，真的影響一生？

這天，看見她怒氣沖沖跑過來，問我該否投訴這位老師：

「孩子下課後一臉垂頭喪氣，我問她發生什麼事？她説剛派發了英文考試卷，分數很差。老師不但沒鼓勵她，還把她揪出課室，狠狠教訓一頓，並留下一句『你的英文沒得救，一世都是這樣差！』」。作為孩子的媽，聽到這樣的話有如晴天霹靂，一心就想着去學校投訴。

「她怎可以這樣講？我的孩子傷心極了，這一句話可能毀了她一生！」

待她情緒平復，我跟她好好分析。第一要搞清楚的，是這只是女兒的片面之詞，老師是否真的有這樣説？那句話的前文後理又是如何？因為很多時候孩子告狀，只是把單一的內容抽出來，以表明自己是對的，是清白的。家長若要告發老師，最好是搞清楚事實真相。

其次，女兒的英文成績真的愈來愈退步嗎？原因在哪？是她不喜歡這位老師（也可能是老師偏心不喜歡她）？還是學習方法出了什麼問題？這方面要多了解，才能對症下藥。

至於被人看扁這類的事情，其實在成人世界也屢見不鮮，「那你在出來社會工作後，有否被人看扁的經歷？」終於忍不住問這位現在事業有成，也是主管的雙職媽媽，這個很關鍵的問題。

「當然有，剛出道的時候，那個老闆就是瞧不起我，常常批評我的工作表現。」

「那你怎樣渡過這段艱難的日子？」

「不管老闆怎樣説，我還是默默耕耘，她交託給我的工作，絲毫不鬆懈，終於有一天，她好像看到我的付出，態度變得大大不同。」那就好了，原來她也有類近經歷，我鼓勵她把這些「往事」跟女兒分享。

「那還要不要投訴？」我不反對投訴，但要有根有據，還要想想到底投訴到哪一個程度？（就是如果老師或學校不接受，還一直投訴下去嗎？）也要有最壞的心理準備，就是學校可能會按既定程序處理，到最後不了了之。

記得年輕的時候，有一句話很扎心的，就是「化悲憤為力量」，這也是家母對我的遺訓。人生總有不如意事，有瞧得起我們的恩師，也有瞧不起我們的過客，那又何妨？**與其心中自卑委屈，不如將這些自怨自艾化成追求卓越的動力，用以自我激勵及鼓勵孩子，豈不是更好？**

一句話，是否足以毀了孩子一生，全憑我們怎樣跟她解讀啊！是嗎？

猝然失去的恐懼

這天，帶一家連乖孫到好友家玩，好好抓緊這個在新冠狀病毒籠罩下難得一見的機會。正當我跟乖孫玩得興起之際，突然覺得手弄髒了，便一股勁衝到洗手間去洗手。

怎料，乖孫當下大哭起來，誰勸也沒有用。

直至我洗罷手出來，他看見我無恙才罷休。在旁的女兒說：「婆婆，你要離開去洗手間，要通知他一聲，不能一下子猝然消失的。否則，他會很驚慌啊！」

不知怎的，這句話像一個槌子，直擊心靈的深處。

是的，多少年來，心中曾隱隱藏着類似的懼怕，就是心思所繫所愛的，會突然間無聲無息地離開，一句話都沒留下。因為多少年前，我所愛的媽媽，也是孩子的婆婆（乖孫素未謀面的太婆）就是這樣因為中風離世，「急急腳」的返了天家。自她走後，我才醒覺要好好珍惜眼前人，又會自責當初是否送錯了醫院，造成她最後無可救藥的離世？結果，花了超過兩年的時間處理心靈的悲傷哀悼，然後慢慢從中走出來。

原來，這種害怕身邊人離開的恐懼，自「幼」已存在。

其實，現在香港面對疫情的恐懼，很可能就是類近的驚恐作祟。別以為我們真的怕家中沒洗手液，沒廁紙，沒米吃那麼簡單，**說到底，還不是害怕身邊所愛的猝然染上頑疾離我們而去，懼怕那些從沒想過的事情會意料之外地發生……**

像我們習以為常的坐飛機郵輪，甚至家庭團圓的聚餐，都可以成為散播病毒的大好時機。而一旦感染，那種與摯愛隔離的孤絕，被人「另眼相看」的疏離歧視，都是曾經自視身體健康「好端端」的一個人難以承受的。

說不怕是假的，**但過度的恐懼又會讓人喪失「自由」：**就是外出買菜購物的自由，呼吸新鮮空氣的自由，與人面對面交談的自由，這些自由乃「正常生活」所不可或缺的。

是的，我們都是人，都是血肉之軀，看了太多的資訊，一定會害怕。但只要戴着口罩，勤洗手，以高規格的消毒意識生活，我們仍可外出見一兩個知己，仍可到超市買日用必需品，仍要有效率的上班工作等等，學習在「非常時期」的「如常生活」。

寫到這裏，女兒再度提點：「婆婆啊，如果要離開，一定要告訴孩子，讓他知道安心。」

知道。

「下次唔敢啦！」一定會告訴乖孫，婆婆只是走開一陣，但每天都會健健康康出現在他眼前。如此我信，如此我行！

生命中的那根刺

這幾天，總會聽到新聞報道火災時，提到戶主的一句話：「單位事主吸入濃煙不適，送院治理。」旁人聽到這樣一句，只會當它是新聞報道，是耳邊風，但對我來說，卻是生命中一根久久難以拔除的刺。

還記得二十多年前的某個凌晨，突然接到街坊的電話，說我的娘家起火了，趕快上去看看。跟外子驅車到了家門，只見父母呆坐門前，被這場不速之火嚇得魂不附體。

好不容易安頓一切，把他們送到附近的旅館安頓。見到媽媽在洗手間出來，我進去一看，怎麼洗手盆上是一灘黑黑的水。

「媽，這些水是甚麼？怎會是黑色的？」

「因為剛剛吸了很多濃煙，這就是吐出來的水。」

「要不要去醫院檢查一下？」

「不！」

「但這樣的一灘黑水，好可怕啊！去醫院看看吧，我陪

你。」我嘗試説服她。

「不去，不去，不去！」結果，因為怕惹怒媽媽，我就沒再堅持了。

而不幸的是，這場大火發生的半年之後，媽媽就因腦中風撒手人寰，返了天家。還記得媽媽中風時將她送上救護車的那刻，心中閃過了這個念頭：「會否因為那場大火，媽受不了這個刺激！會否因為我沒有堅持逼她入院檢查，弄至她中風昏迷……」

內疚，自責，在母親離世時，也如一顆埋藏心底的計時炸彈，一聽到任何類似的新聞，就隨時引爆。

然而，隨着年歲漸老，閱歷增加，開始涉獵不少如何面對悲傷的書籍。從閱讀中始明白，**類似的內疚自責，乃不少喪親子女共有的感受**（如有子女就因外出公幹而失去跟爸爸吃最後一頓晚餐而自責不已），特別是跟父母感情深厚的，內疚之情也特別深。曾有朋友這樣勸解我：「就算媽媽真的去了醫院檢查了，也不保證她不中風啊！」

這個我明白。但為人子女總是覺得，少做就是少做了，難以彌補！只能帶着這個遺憾活下去。但歲月啟導了我，雖然難以彌補，但我可以改變的，是**提醒身邊尚有高堂的朋友（特別是年輕的），要好好珍惜與父母共聚的歲月，因為眨眼即逝**。還有就是家裏更換冷氣機之餘，一定要更換全屋的電線（我的老家就是因為新冷氣碰上舊電線起火的）。最後，就是真的遇上火災，記得送家人入院檢查。

別怪我對「吸入濃煙」這四個字如此敏感。說到底，那是我生命中的一根刺啊！

安坐家中的實踐版

今天，本來約了跟小師妹去探病中的你。怎知道，你已返了天家。從來不爽約的你，爽了，但深信你也是不情願的，是嗎？

認識你，是因為我在《明周》寫「安坐家中」專欄時，你是我的編輯。開始，只是電郵的交往。你不是單純的跟我在稿件上的往來，很多時候也會加一兩句問候，那時就覺得，這個編輯「很不一樣」。後來知道你跟我同一教會，信念相近，我便主動約你見面，你竟然一口答應。

還記得在那所裝修精美的餐廳約見品嘗法國菜，大家談得很投契。細聽你娓娓道來因着工作之便，到世界各地做訪問的所見所聞，還有你對旅遊醫療的通識，讓我從中也長了知識。你知道嗎？那刻我便心生羨慕，這麼年輕就有如此豐富的人生閱歷，真不簡單啊！

其實那個時候，你已知道自己患上不治之症。**但你對工作、旅遊，甚至生命的熱愛，卻絲毫沒有減退**。你還告訴我許多未來大計：如將要做這個那個採訪，到台灣尋找治療的良方，還相約要跟小師妹三個人好好相聚。結果，我們真的約好了，但因着種種原因，改期又改期。

直至兩個多星期前，你在臉書跟我説有事商討。我趕忙打開臉書，看到你安坐家中，同事正忙着幫你拍生命記錄的那張照片，才知道你的身體愈見虛弱，我忍不住提出了這個不情之請：就是要去探望你，跟你見個面。

那個陽光燦爛的早上，我跟外子上了你家。滿以為打開門，會見到容顏憔悴的你。怎知迎來的，仍是那帶着純真可愛笑顏的你。那天，我跟你調轉了身分，變成了一個「特約記者」，訪問了你對人生信仰的看法。還記得我問你有什麼信念支撐着你來面對當下身體的不適痛楚，你以堅定的眼神説了三個字：「信望愛」。

那個早上，滿以為我是走來慰問安慰你的，怎知離開的時候，卻感覺被鼓勵安慰。看着你對先生兒子的熱愛關懷，對未來那種豁然不怕死的堅強，我的心感覺很暖，很暖。

寫了「安坐家中」這些年，嘗試透過文字去安撫那些躁動的家長，**盼望大家能放開一點，給孩子多一些空間，多一些放手，然後才可以安坐家中，欣然看着孩子成長。**

如今，我卻在你——Regina 的身上，看到安坐家中的

「實踐版」。如今，你雖然在天國一方，但深信你樂觀積極的人生態度，正深深影響着家人跟周圍與你相交的我們啊！

我問你有什麼信念支撐着你
來面對當下身體的不適痛楚，
你以堅定的眼神說了三個字：
「信望愛」。

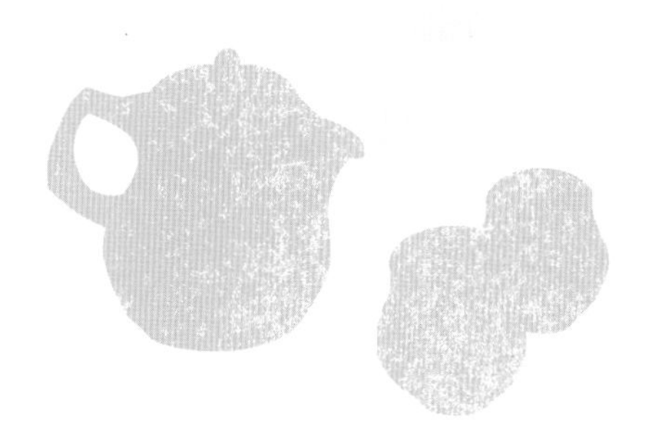

父母的遺憾

「孩子，你現在唸理科，將來就可以考醫科。」自小，母親一有機會，就在我耳邊這樣叮嚀。只是，天不從她願，我唸不成醫，讓她好失望。

我明白，父母對孩子總有期望，這是無可厚非的。而這期望通常就是他們渴望自己想做的事想圓的夢，可惜沒機會完成，很渴望兒女能延續。有心理學者說，這是父母很想活出但沒有活出的生命（unlived life）。

所以，一個很愛打籃球但選不上入籃球隊的爸爸，會很想兒子打籃球。一個很想學鋼琴但苦於家貧沒機會學琴的媽媽，會很想女兒學鋼琴等等，如此類推。

記得曾跟一位媽媽聊天，她因女兒對鋼琴沒興趣而傷盡腦筋。

「我常告訴孩子，小時候多麼想學彈鋼琴，苦沒機會。現在給你機會，你為何不好好珍惜？」她希望孩子明白她的苦心。

「但媽媽我跟你不一樣，因為我一直不想學彈琴，也不喜歡啊！」孩子的話，她搭不上嘴。拿來問我，我笑笑說：

「孩子沒想過學琴，這只是你的渴想，當然推不動她。不如問她愛玩哪一樣樂器，讓她來挑吧！」

結果，孩子挑了牧童笛，最後還吹得有板有眼。

但我卻窮追不捨追問：「你既然那麼想學彈琴，為何不自己學？」

「但我要帶孩子，又要照顧家人，哪有時間？」

「不，如果想學，就一定能騰出時間。」這是我的信念。

綜觀身邊許多父母，特別是新手爸媽。孩子一出生，兩夫妻就困在孩子的起居飲食與世界之中，沒有私人時間，更別說培養夫妻感情的二人世界。可能有人覺得這是為人父母的犧牲，但會否過了頭？當孩子長大成人，擁有自己的世界時，為人父母的世界又剩下什麼呢？

什麼都為孩子設想，**把自己的需求夢想都置諸腦後，這種「給得太多」的愛與犧牲，很容易變成溺愛，甚至攔阻了孩子獨立**。更何況，既然這是咱們的渴望與遺憾，為何不讓自己來彌補，硬要把這個重擔放在孩子身上？

親愛的爸媽們，有沒有一些童年很想做的學的東西呢？如果有，不如趁着年輕好好去追尋，說不定在我們奮力追尋的當下，會感動孩子跟隨我們的腳蹤。

當孩子長大成人，
擁有自己的世界時，
為人父母的世界又剩下什麼呢？

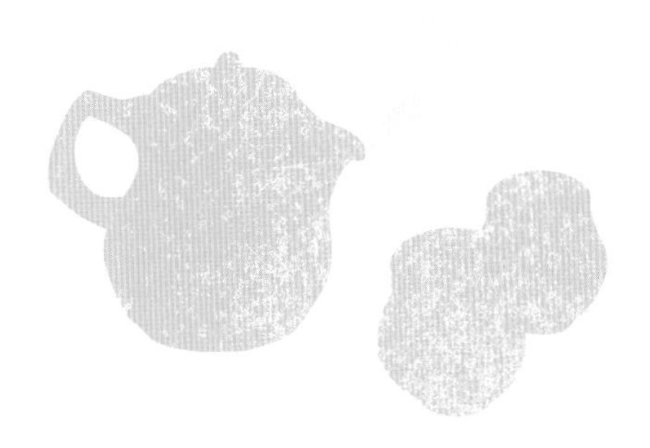

如泉湧的回憶

人過中年，滿以為自己善忘的當下，卻碰上了很多次泉湧回憶的突襲。

就像去年跟好友遊歐，來到倫敦這一站，熱愛藝術的我定要往博物館跑一趟。怎知踏步進內，多少年前跟「她」歐遊的回憶就如泉湧而至。那些不知天高地厚的青蔥歲月，在倫敦鬧市趕搭巴士，住便宜的 bed & breakfast 旅館，還有在某商店不慎拿走了人家一件上衣等等的傻事，都一一浮現。忍不住給她買了一條她最愛的藝術家絲巾，發了一個短訊給早已少有聯繫的她，約定放假回港後一定要見個面。

是的，原來人生有很多片段，我們以為忘記得一乾二淨，但碰到某個似曾相識的場景，那些畫面與對話，又會如泉湧而至，讓人久久不能釋懷，或陷入深深的沉思與回憶之中。

另外一個容易挑動人回憶的，就是收拾舊物。特別是舊照片。雖然現在數碼照片流行方便，我仍愛拿着一張張舊照，讓一幕幕回憶在腦海重播。像過年前這陣子，一直努力執拾家居，找到了很多舊照。其中一張是女兒一歲多時，第一次給她吃玉米，她就深深愛上了。就在那刻，我們拍下了她吃玉米時的得意模樣，頭歪歪地拿着玉米笑不攏嘴。沒想到多少年後的今天，她的兒子我的乖孫，也是一吃玉米就愛上了，整頓飯都「嗚嗚」喊，非吃到玉米才罷休！

當然，還有同一句話，在不同的親人口中聽到，又會啟動回憶的開關掣。什麼話？就是那句「你今天吃什麼菜？」。

多少年前，老爸每天跟我通電話，第一句都問：「你今天吃什麼菜？」當時忙着在工作與湊女之間打拚的我，總是「沒好氣」的回答他：「菜跟肉。」老爸仍不罷休的繼續追問：「什麼菜？什麼肉？怎煮？」面對他的問題，回答依然簡短：「肉炒菜。」那時總不明白，為什麼老爸每天都問着同樣問題，覺得他很煩。怎知今天去看女兒，一進門也問：「你今天吃什麼菜？」還好女兒女婿都很耐心回應，逐一解答。但昔日跟老爸的對話，卻如泉湧而至，如今才明悟，他的提問是一種關心的表達。

曾有人跟我辯論，回憶不可靠也不準確，千萬別信。但我卻覺得，**年紀愈大，回憶不一定巨細無遺的準確，但內中蘊藏的深情，卻是千真萬確的**。那就讓這些泉湧般的回憶來到時，我們用雙手好好回味與守護吧！

原來人生有很多片段，
我們以為忘記得一乾二淨，
但碰到某個似曾相識的場景，
那些畫面與對話，又會如泉湧而至。

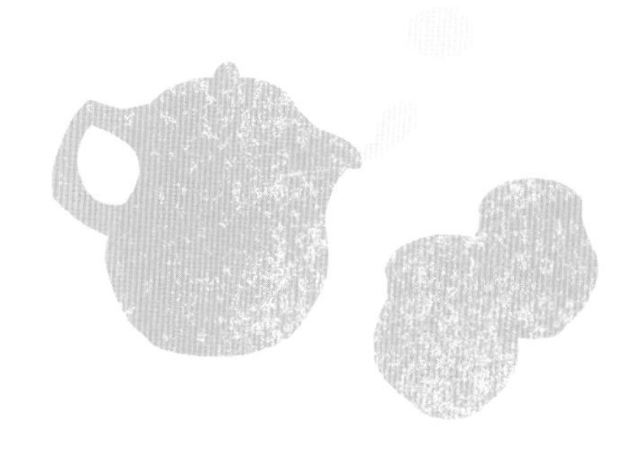

茶之甜

閱讀是一場邂逅

我是一個酷愛閱讀的人。家中最多的，是藏書。去外地旅行，必看的地方，是書局。現在書桌上放着的，是一疊打算在這個月啃完的書。

為什麼我會沉迷閱讀？跟家中教養不無關係。

因為我媽也是個愛閱讀的人，所以會「強迫」孩子閱讀。小時候很羨慕人家有 Barbie 玩，我嘛，怎求怎哭老媽都說：「不買玩具，只買書！」萬沒想到，在四周書架的包圍下，閱讀成了終生的嗜好。

老媽更厲害的是，不單培養看書，更要求我「執書」。先是她示範，後來就讓我「自把自為」將書架上的書分類放好。還記得那時爸爸有訂閱國家地理雜誌，我最愛把那一本本黃框的雜誌排列好，放在書架上，挺悅目的。

久而久之，就養成我「無書不歡」的習性。天天都拿一本書來讀，最難熬的是在外國唸書的幾年，沒機會讀中文書。怎知爸爸卻體貼地把每天讀到的中文剪報寄過來（包括《明周》專欄），以解閱讀之渴。

時至今日，閱讀仍是生活中的摯愛。每一趟逛書局，我

都覺得是一場與書籍的邂逅。因為心中有一個疑問，或一種渴求，往往都會找到一兩本書來回應。好像這陣子身邊朋友大都為照顧患病的上一代而奔波，想着該否辭工照顧，怎樣照顧才算周全等等，我就遇上了《如果父母老後難相處》、《不老陪伴指南》二書，學習如何幫助老人家在「不服老」與「抗老」之間的平衡，怎樣成為一個真心關懷又有底線的照顧者等等，都帶給我許多啟發。

近年，更常有機會跟家長或學生分享閱讀心得，但家長的問題總離不開：

「怎樣鼓勵他多讀中文／英文書，讓他的語文可以進步？」

「他讀了很多書，但寫作仍是這樣？」

在父母心中，總愛把閱讀説成是一種途徑，最終的目的，還是為了孩子的成績。換句話説，作文考試完了（或畢業出來工作了），孩子就不用閱讀了，是嗎？

不。閱讀是一場遇上邂逅，進而彼此了解的過程。**孩子不愛閱讀，因為他還沒碰到心愛的書。孩子討厭閱讀，因為**

他腦海裏只有閱讀報告。

最近有家長問，可以為孩子選什麼書？選擇多的是。如：

- 跟孩子興趣相符的（他愛恐龍就讓他看恐龍的書）
- 圖書館書局陳列的主題書或童書：放在顯眼的地方，總會吸引到孩子的注意力。
- 有關寵物的書：大部分小孩都愛貓狗，特別家中養寵物的。
- 老師分享的書：如果是孩了尊敬的老師，更好。
- 跟他逛書局時，被一本書的書名或封面吸引，大家嘗試去猜猜書的內容，然後再翻書看看是否相符？
- 為到某地旅遊，找一本遊記來讀。

其實，在書海中選擇多的是。問題是我們是否願意花這個時間跟孩子去尋尋覓覓，是否看得通閱讀是影響孩子一生的習慣？

閱讀，是一場邂逅。如此我信。而在不同的邂逅中，增廣了見識，開拓了眼界，並與書本展開了一場終生的愛戀。

寵物情誼

在我成長的家中，一直都有養寵物。

年幼時的斑點狗 Ricky，還有波斯貓 Jimmy，是爸爸跟我父女情誼最深的聯繫。還記得，老爸教我用一根線牽着「面紙球」跟貓貓玩耍，怎樣訓練狗狗坐下與握手等等，談狗説貓，就成了我跟老爸之間的共同興趣。

至我當了媽媽，只生了一個女兒，老爸就常説：「你的孩子好寂寞！」本以為他只是説説，怎曉得有一天他親自送來了一頭白貓，本名「頑皮仔」，我覺得改壞名，當天就正名為「乖乖」。自此，乖乖就成了獨生女兒成長時的最佳玩伴。

女兒常抱着乖乖做功課，也訓練他成為一頭「像狗的貓」，就是説叫他「過來」他會走過來，見到零食會自動「坐下喵喵叫」的。

可惜，乖乖伴了我們十七年，在我動大手術的那個夏天，突然腎衰竭，一個星期後就離開我們了。**那刻，有一種痛不欲生的悲愴，才深深明白一頭寵物離世對主人的影響，不下於一個深愛的人。**

曾想過，還要不要養寵物呢？畢竟，投放了這樣多的感情。怎料，乖乖死後四個月，外子就把一頭柴犬帶了回家。我們將她改名為 Nikita，這是一個日本名，改的原則很簡單：我們不認識一個朋友叫 Nikita 的，所以改這名字最「安全」，不會搞錯。哈哈！

Nikita 是頭像貓的狗。你叫她，她不一定理會。你不理她，她反而會走過來。她跟女兒情誼親密，即使後來孩子結婚了，每趟見到她回娘家，Nikita 都會興奮莫名，搖頭擺尾歡迎。

而對咱們兩個面對空巢的中年人來說，Nikita 小姐正是一個好好的「替身」。女兒走了，沒人需要照顧了，便把那份愛用在照顧狗狗身上。更沒想到的是，因着養狗，也認識了不少養寵物的狗朋貓友。

很多研究都說，養寵物對有孩子的家庭，好處「多籮籮」：如培養孩子的責任感，不容易發生過敏和氣喘（因孩子每天與毛孩生活，習慣了！），減壓與平復心情（這是真確的，特別是狗對人的情緒十分敏銳，如果知道你難過流淚，還會跑過來安慰呢！）。還有的是，養狗的話，更可逼着主人因為要蹓狗而外出走動。

最近，要面對的難題是：乖孫出生後，咱們家 Nikita 開始吃醋了。每逢乖孫來訪，她都會偶而狂吠與不安，但又很想親近乖孫跟他玩。最有趣的是，乖孫要婆婆跟他玩，Nikita 也要我跟她玩。而我這個主人婆婆，就在人狗之間，左右逢源，不亦樂乎！

又到過年時

我是從心底喜歡過年的。因為這是難得的大日子，而且大家都有難得的三天長假，一定要興高采烈地過。

每逢過年，有幾件事我是非做不可的。

首先，是辦年貨。買年糕（尤其是椰汁的）、放全盒的糖果（必定要有發達糖）、更要買些冬菇、干貝、髮菜（縱使這年頭很難買得到）做賀年菜。

其次，當然是去銀行換紙幣封利市，而逛完花市回家一起分工合作把錢放進利市封，更是過年的「指定動作」。

到底，怎樣過年，過年要買什麼，做些什麼，我們是怎樣學到該如何準備的？相信很多人的答案都跟我一樣：從上一代身上看到，然後跟着做。

還記得小時候，媽媽最愛帶我去逛花市，買年花，辦年貨。當然不可少的，就是跟弟弟圍坐在地上幫她分好不同錢幣，放進不同的利市封。還記得緊張的媽媽，千叮萬囑跟我們說：請記着這些利市封是大額的，不要幫我亂放啊！

然後，就是聽媽媽指使，背誦一大堆恭賀詞。如對長輩

一定要講「祝你身壯力健」，對在職的要説「步步高升」，對結了婚的説「年生貴子」，對在學的説「學業進步」，對女長輩要説「青春常駐」，對任何人都可以説「恭喜發財」等等。這些「賣口乖」的恭賀詞，早就從父母身上耳濡目染得來。

至於這一代的孩子，可推不動他們如數家珍地把賀年詞背誦出來，我也通融地讓她簡單説句「新年快樂、身體健康 、萬事如意」就算數，不用連珠發砲似的説一連串祝賀語。**到底過年該是大家開心輕鬆的日子，怎也不該拿來做「賀年詞彙背誦比賽」啊**。

過年，其實是一家團聚的大日子。起碼，要跟至親的家人共聚，無論多忙都要抽空見個面才是。記得小時候，父母不單會招呼親戚朋友，還會邀請辦公室的同事到家裏玩，玩足年初一二三共三天，非常熱鬧的。但隨着時代變遷，現代人少去拜年，也不多招呼人來家裏玩。這些年，身邊不少朋友更舉家外遊「避年」，新年的氣氛也愈見淡薄。這是我不想見的。

説到底，我是傳統的人。若果在港過年的話，一定要過得「熱熱鬧鬧」，所以年關未到，我已在到處張羅，該約誰見誰，還有要往哪兒訂團年的盆菜等等，忙得不可開交。原因很簡單，只想告訴孩子，還有孫仔知道：新年該是一家團聚熱鬧慶祝的大大大日子！

整理，可以改變心情

我是一個愛整理收拾家居的人。每逢有空，我就會仔細端詳家中的一物一櫃，看看可以怎樣擺放，或者來個「斷捨離」。也因此，買過幾本有關整理家居的書來細讀。最近深得我心的一本叫《一日一角落，無痛整理術》，正好切合咱們這種想收拾又拿不出太多時間的上班一族。

作者沈智恩套用了日本專業整理師近藤麻里惠的一句話：「**整理是人生的新起點，下定決心要整理的那個時候，就是和過去道別，向未來跨出第一步的最佳機會。**」作為書的起始。

到底是哪種人需要把家居來個大轉變，作者就描述了以下的情景或心聲：如發現家裏有很多不用的東西、瑣碎的雜務、家居擺設一直沒變過、在家感覺疲憊、從外面回來看見雜亂的家先嘆口氣、失去對屋內擺設的興趣等等，如果中了其中四項或更多的，就表示生活已進入倦怠期，需要好好整理。

好，那就行動吧！

一天一角落，家中第一個要整理的，是廚房。這向來是菲傭姊姊的天地，但打開櫥櫃一看，原來裏面藏了很多醬料

麵條，看看食品上的標籤，赫然發現都過期了。原來她的習慣，就是把買回來的食品收藏，卻不會拿出來使用，除非我特別吩咐。怎辦？唯有把食品重新分類整理，將快到期的拿出來，每天吩咐她用這個醬煮這道菜，也告誡自己別胡亂多買就是。

第二關是客廳，發現很多地方都被雜物霸佔，客廳變了雜物廳。原來，在客廳的不同角落，都擺放了一些封塵的擺設，櫃內滿是過期的雜誌報紙、破爛的相簿等等，終於把心一橫將不看不用的扔掉，將照片存檔，但最難的是那些滿載回憶的舊照。難怪作者曾説，別以為整理只是在處理物品，其實是要人「面對過去」。像那天，就拿着一張跟媽媽的合照，凝望了好久才捨得放下，這樣的「整理」，需要的不單是時間，還有那份跟過去説再見的勇氣。

當然，工作間更是不可或缺一環。怎樣把不再看的、沒用的、過時的書籍送人或丟掉，以便騰出一個既可以心靈喘息，又可以工作的空間。

沒想到，經過幾個星期的整理，最大的收穫竟是：家的空間感變大了。跟外子安坐家中的當下，看着被整理過的家，竟有一種嶄新的感覺，心情雀躍呢！

這樣的「整理」，

需要的不單是時間，

還有那份跟過去說再見的勇氣。

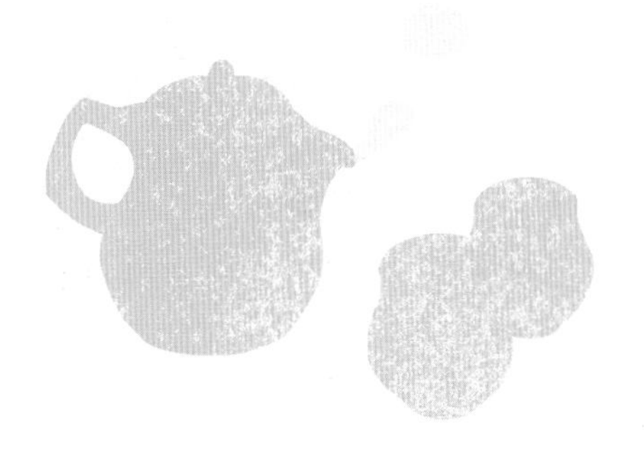

收集嗜好的傳承

這代父母常抱怨孩子愛打機，無甚嗜好。我卻覺得，**嗜好這玩意兒，可以從小培養。**

爸爸愛養狗，所以自幼家中就已出現寵物。記憶中，第一頭出現在家中的，是一頭黑臉白身的老虎狗，叫 Chalky，只可惜養了沒多久，就被車撞死了。後來，爸爸帶了一頭黑白的斑點狗回家，改名 Ricky，自此，Ricky 就是我的玩伴好友。直至出國唸書那年，爸爸把 Ricky 送了給朋友撫養，説他們年紀大，不能照顧牠了。

除寵物外，爸爸還培養我集郵的嗜好。由於爸爸開的洋服店招待的多是外籍客人，所以每天都收到來自世界各國的信件，他會把那些信件帶回家，教我用水泡着信封，隨後把郵票拿出來風乾，貼在他送的集郵簿上，成了我在同儕中最驕傲的展品。

也因為爸爸這些刻意的培養，到女兒成長時，我也刻意地培養她某種收集的嗜好。第一當然是郵票，只是孩子那年代，已沒有多少人會寄信，收到的信件郵票更是寥寥可數，郵票的嗜好難以持久。

但有趟到某朋友家，見到對方女兒拿出兩箱滿載着不

同形狀、設計可愛的的「膠擦」。回家便跟孩子商量，不如收集「膠擦」吧！一來隨處可見，二來要買也是「價格便宜」，負擔得起。於是，她便開始收集「膠擦」。我們夫妻倆到哪個地方旅行，也會刻意到文具店找找看，有哪些特色的「膠擦」買回家當手信，也豐富了她「膠擦箱」的收藏。這些年下來，她也儲了一大盒。每逢有朋友來訪，我也會特意叫女兒將她的收藏品展示給大家欣賞。

至當了婆婆，發覺女兒女婿也刻意培養乖孫關注「恐龍」。買給他的衣服、玩具、書本等，都是與恐龍有關的。乖孫雖然只有一歲多，但一見到「恐龍」的圖案，就會欣喜若狂。

誠然，不同的年代，可以有不同的收集嗜好。但最重要的是，培養孩子除打機以外的收集嗜好，讓他有一個專注點，最好收集的主題是隨處可見，隨手可拾的（見過有家長培養孩子收集石頭、樹葉、巴士汽車模型等等），最好父母也「玩埋一份」，這可以成為親子溝通的一道絕佳橋樑。

父母常問我，怎樣可以令孩子「少些」打機？愚見認為，**給他一份收集的嗜好，讓他沉迷其中，勝過天天叫他「不要打機」啊！**

不同的年代，可以有不同的收集嗜好。
但最重要的是，
培養孩子除打機以外的收集嗜好，
讓他有一個專注點。

真好，
還有你在！

這天，約了久違的她，喝茶。是的，只是想好好喝杯茶，她說，我聽。我說，她也用心聽。

悠悠地說，前塵往事，都如煙了。

「你有聯絡她或他嗎？」突然想起一些共同的朋友，忍不住問。

「他移民到北美了，她也快離開了！」

「噢！那會否很孤單？生病了誰來照顧你！」口直心快的，忍不住追問。

「那也沒辦法啊！」

「不！你還有我啊！」然後，我們就開始聊到三十年前的相識相遇。談到我們的連結，後來少接觸聯絡，滿以為疏遠了。怎曉得，在那些紛亂動盪的日子，竟在街角重遇，彼此從電聯至見面。如今，更是珍惜每一趟的相知相聚。

「真好，還有你在！我們還有彼此！」這個下午，談到動容處，我忍不住說了這樣一句心底話。

突然，她伸出雙手，捧着我的臉，就像三十年前相知相熟那樣。很熟悉，也很窩心。**原來在動盪的時代，感覺自己被聆聽接納，有人共鳴，是多窩心的一回事。而這些珍貴的情誼，正正是我們對抗人生風暴的支持系統。**這也是我常問身邊家長的問題：「當我們面對人生困境，或婚姻親子關係出現問題的時候，可以找誰談談？我們身邊有否支持或『點醒』我們的好朋友？」

很多時候，我們以為面對人生的艱難，要找到排難解困的方法。其實更重要的，是找到誰與我們同行。因為這些同行者，一方面可以給予聆聽的支持，提供旁觀者清的角度，更重要的是一個肩膀可以靠靠。記得我墮進人生低谷時，一位我敬重的長輩就是二話不說，叫我開車到她的辦公室，讓我伏在她懷抱裏痛哭流涕。

也正因如此，我也常提醒自己的孩子。無論多忙，也要有幾個知己良朋，與我們在親子教養的路上同行，並適時提出忠告，特別是那些經驗豐富的「過來人」。很多時候，她們的忠告比許多親子書更受用呢！

很多時候，

我們以為面對人生的艱難，

要找到排難解困的方法。

其實更重要的，是找到誰與我們同行。

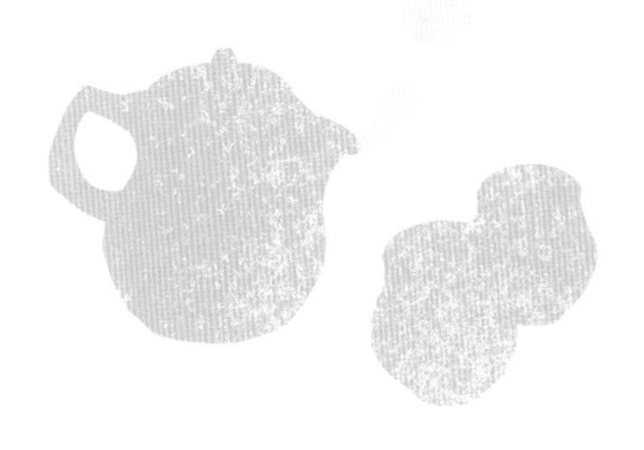

一家旅行的日子

假期到了，正是一家旅行的好日子。

從前，是一家三口，簡簡單單；現在，是兩家五口，浩浩蕩蕩。

從前，無論怎忙，我都會預先在時間表上劃好了假期，訂下了去處。再搜集資料，安排行程。記得前輩跟我説，**旅行是一趟冒險，不要老是到指定地點拍照，要勇闖新景點，要跟當地人聊天多了解民情民生**。不要老是逛商場，要去探訪當地的博物館、書店、圖書館、藝術館等等，當然，接觸大自然的公園、水族館、野生動物園也是必訪的行程。

從前，我總會鼓勵女兒帶一本圖畫簿，把到過的地方圖文並茂記下看過的風光與遭遇，她還主動把到訪之處的門票帳單都貼在簿上，配上趣怪的描述，每晚跟我倆分享這生動的遊記才入睡。

那天無意中找到她其中一本記錄台北之行的畫簿，其中一段這樣寫：「到酒店時才發現，原來房間是用我的名字訂的，真的 funny ！」這細節我早忘了，到底怎會用女兒的名字訂房間，不得其解。卻沒想到的是，這樣一個「無心插柳」的錯配，卻讓孩子感覺「有趣」（也許讓她有種「大個女」的感覺）。如今再細味，不知怎的腦海中竟也浮現那趟台北之行的一些畫面與感受。坦白說，若果不是記錄下來，我們早就忘得一乾二淨了，又怎能觸畫生情！所以我常鼓勵父母，**帶孩子外出旅行，不要光去購物觀光，要有機會消化所聽所聞，筆錄下來，這才是一趟真正的旅程。**

從前，我們都很忙，每一趟旅行都是美好的天倫樂敘。看着孩子從懷抱在手，啥地方都不方便去，到拖着她去攀山越嶺，又到看着她拿照相機沿途拍下各處美景，感覺歲月不饒人，時間過得真是太快……

如今，乖孫出世了。一家三口變成一家五口出遊，這個晚上，大家趕忙在討論行程，收拾行李。從前，我是負責策劃安排一切的，現在，是乖孫的爹包辦，我一點都不用費心。

雖然他們總是問：「你們想去哪兒觀光？有什麼『心水』之選？」

我的答案是：「你們去哪，我們就跟着，無所謂！」

人生就是這樣。從前旅行，總要盡量把握時間，去得愈多地方愈好，讓那趟旅遊「物有所值」。現在嘛，跟誰一起旅行更重要，難得一家五口子可以相聚，吃什麼，玩什麼，都是次要的了！對嗎？

孩子，你走過來

這天，安坐家中，跟乖孫玩耍。看他扶着圍欄學行，一邊伸手要我走過去拉他一把，一邊嘗試跨步走。我沒有拉他，反而跟他說：孩子，你過來婆婆這邊。

女兒在旁，頻頻點頭稱是。

「媽，就是要這樣，孩子才學懂走路，不用走一步扶一步的。」

完全同意。

常覺得，引導孩子有兩面：

第一面是我們走進孩子的世界，明白他的處境，接納他。

另一面，則是鼓勵孩子走進我們的世界，給他提點指引。

第一面乃幼兒的父母最需要的，就是走進孩子的世界，明白他所見所知，跟他溝通。還記得一位媽媽告訴我，她要求孩子「努力讀書」，唸幼兒園的孩子根本聽不明白「努力」二字，後來她將這個渴望化成行動，帶孩子上圖書館，接觸各類型的書籍，激發了他的閱讀興趣，常常叫媽媽帶他上圖書館，她才稱讚孩子「努力讀書」，孩子也逐漸明白這個詞的真正實踐意義了。

當然，在孩子步入青春期，更要嘗試進入他的世界。畢竟這一代的想法，跟我們太不一樣了。最近跟一些父母談到是否容許孩子在唸大學（甚至中學）時有些空檔時間，到外地去打工或交流，因為學習是終身的，行萬里路更是千載難逢的好機會。**開明的父母，能走進孩子這個多姿多彩，多元出路選擇的世界，接納支持，親子之間自然少了隔閡。**若看不慣，常要孩子按着自己定下的路去走，親子間的磨擦可是易結不易解呢！

至於要孩子走過來，更是輔助他獨立自主的要訣。

記得孩子年幼時，我也會說：

「孩子，你走過來看看這邊有些新奇的東西啊！」帶着驚訝的眼光，吸引孩子帶着好奇發問，引導孩子明白書本以外的新世界。就像某趟，我就是用這句話，引導孩子去看海邊的螃蟹，並啟發她對海裏小生物的興趣。

「孩子，你走過來看看媽媽怎樣歸納收拾！」也是我常講的。就是以身作則，把自己最擅長的傳授給她。讓她可以「有樣學樣」，無形中也被潛移默化。

常覺得為人父母，就是在這兩句話中學習平衡。一方面照顧孩子的起居飲食，保障他的安危，另一方面也要引導孩子獨立自主。這個平衡不易為，有時會做得過度。但又如何？知道後改過重拾平衡就是，別灰心啊！

牽手一輩子

這天，跟外子（也是公公）如常到女兒家探望乖孫。跟他玩耍了一個多小時，準備離開之際，他突然拉着我的手，又拉着公公的手，然後把我倆的手牽在一起……

這一幕，讓我驚訝萬分。為什麼？因為似曾相識，那是多少年前，乖孫的媽媽，也是咱們的女兒，正正是要求父母做這牽手的舉動。孩子長大後曾說，看見父母牽手的動作，讓她感覺溫暖。

牽手一輩子，曾是夫妻結婚時的盟誓。只是，隨着年歲漸長，肩膀上的擔子愈來愈重，我們會把專注力都放在兒女身上，夫妻之間的閒談都是繞着兒女的學業功課，又或者顧慮上一代父母的衣食住行，甚或病情，全副精神都放在「其他家人」身上。少有關心自己，更遑論關心夫妻之間親密或拍拖的「需要」。

所以每當孩子拉着我倆的手，要爸爸媽媽拖手的當下，我就彷彿被提醒：**這「牽手一輩子」的盟誓與實踐是不能忽略的，是時候補補課了！**

記得多年前，曾改過一篇學生的作文，叫做「無言」。因為那課要寫的主題是「家庭」，怎知小伙子一聽到這題目

就生氣，把手中的鉛筆摔在地上，一直跟我賭氣説「羅老師，我不想寫！」但經不住三催四請，終於下筆作文了。但萬沒想到，交來的竟是一張重複地寫滿「無言」二字的原稿紙。打探之下才知道，這小子的父母正在辦離婚，他的憤怒無助是因為親眼見證着父母離婚。原來對一個高小學生來説，父母離異簡直是一個不折不扣、難以彌補的噩夢。

相反地，任何年齡的孩子若看見父母恩愛地牽手，則會給他們莫大的安全感與鼓舞。而在父母恩愛的大前提下，自然能培養健康和樂的家庭氣氛：如尊重合作，以禮相待，開放式的溝通（如問：今天有何開心事可以分享，而非追問孩子「你做了功課沒有？」)、幽默風趣、支持鼓勵、親暱溫暖等等的態度特質，都會在家庭關係中很自然地流露出來。

所以，這個下午，跟乖孫道別時，我故意一邊拖着他的小手，一邊拉着公公的手。他看着我們拖手的模樣，笑得好甜好甜！我們兩老看着，也甜在心間……

任何年齡的孩子

若看見父母恩愛地牽手，

則會給他們莫大的安全感與鼓舞。

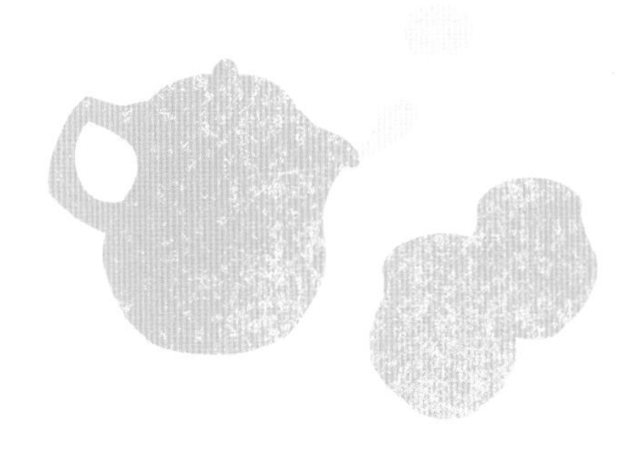

重聚有時

幾個月前，收到老爸好友兒子的邀請，希望我能出席一個老友重聚。說的是老爸生前在某慈善機構擔任總理時的老友，還有他們的下一代。

當時心想，老爸已離世十多年了，他的老友少說也有八九十，至於下一代，我認識嗎？但打電話來的這位「兒子」，卻是老爸死黨之子，總覺得卻之不恭。

那個晚上，放下「湊孫」的誘惑，帶着些許忐忑（就是那種害怕見面又提到往時「痛」）的心情，「膽粗粗」地赴會。

踏進那所早已預訂的大房，迎面而來的是良久沒見面的 Uncle。他摟着我，就像童年時一樣，親熱地碰臉打了個招呼。Uncle 已年過九十有多，仍聲如洪鐘，西裝領帶口袋巾配搭出色，還是昔日的紳士模樣。他逐一將我介紹給其他總理，有些看看他的樣貌，不知怎的就想起他年輕時的音容，有些卻是一點都記不起。

看着他們在席間侃侃而談昔日的往事，不就像咱們這幾年也聯繫好久不見的同學老友一聚，細訴前塵一般。其實，他們當總理的日子只有一年，但情誼卻是超過五十

年。我們這一代很難明白上一代，怎麼可能一年的合作竟成了一世的情誼？他們是如何維繫的？

對現代人來講，簡直是匪夷所思的事。現代人是「相交好，合作難」，明明說什麼志同道合無所謂，怎知一言不合就轉身割裂，哪像眼前這些長輩，**經歷過人生的悲歡離合，走過生老病死，明白人生走到這段歲月，最重要的是老伴老友**。這些 Uncle 們，有好幾位另一半都走了，所以他們更珍惜這群識於微時的摯友。

沒幾，Uncle 開始發言，大意是感謝今天來的每一位，想起昔日情誼感觸良多。然後，就是逐一敬酒。我特意走過去跟 Uncle 說，在天家的爸爸見到我們相聚，一定很高興。

「是啊，我今晚也好開心。不知怎的，很多往事都在腦海翻騰，回憶湧至……」說到這裏，隱約看到素來剛強的他，竟眼泛淚光。是的，看着老友走了一個又少一個，那種難過與懷念，豈能盡向外人道？

突然，眼前出現了一位較年輕遲來的男士。Uncle 不迭把我拉上去向他介紹，「這是 Gene 的女兒，認識嗎？」

「就是那位彈鋼琴很厲害的，是嗎？」他見我搖頭，便立刻把頭轉開，跟別人打招呼去了。

坦白說，類似的情境在童年時代，跟爸爸外出應酬時經常發生。那時感覺很酸，總以為自己被看扁。只是活到如今，走過人生幾許風雨，靠着內心信念的支持，聽到這句話，不出奇，也不再介懷。其實，他記得不記得，認識不認識，已不再重要。

那個晚上，有時我會靜靜旁觀，看着上一代在緬懷往事，看着下一代在彼此認識連結。拿起茶杯，好好呷呷杯中的香茶，跟鄰座的她碰碰杯，交換了 WhatsApp。

重聚有時，連結有時，生命影響生命的傳承，正開鑼了！

茶之鮮

以欣賞感激
代替批評投訴

這個年頭，香港人都熱愛投訴。

坐地鐵，不滿職員態度，投訴！

到食肆，招呼稍慢，投訴！

在學校，老師樣子太兇，投訴！（我是真的聽過，原因是這樣會嚇怕孩子）

不過最近，卻讀到另一則窩心的新聞。話說一位媽媽帶着女兒坐地鐵，女兒見到一位職安叔叔，立刻不安地說他「污糟曳曳，唔乖唔沖涼」。本來童言無忌，這位媽媽大可不必回應。但她卻藉此進行機會教育，教導女兒叔叔不是「曳曳」，而是「喺佢身上係努力辛苦工作的證明」，並囑咐女兒跟叔叔講「今日辛苦你喇！」這種懂得讚賞別人的心態，實屬難能可貴。深信這位高質素的媽媽，培養出來的必定是一位大方得體的女孩。

如果說投訴批評是現代流行的文化，那欣賞感激卻如一種失落了的情操。

記得十多年前，我被一位校長邀請去一所學校主持講

座，題目正是「欣賞的藝術」，對象是老師。當時覺得費解，因為校長選的是一個稀有的題目，心中的疑惑是：「老師們工作壓力這樣大，真有心情學習彼此欣賞嗎？」哪曉得講座進行的互動環節，見到老師們全情投入，彼此鼓勵。事後，校長更說：「很想將這種文化推廣至老師與家長之間。」真是一位有遠見的校長。當老師們懂得彼此欣賞，家長們懂得欣賞老師，老師也讚賞家長的話，最大的得益者當然是學校，瀰漫着的是正面積極的氣氛，也是推動孩子學習的動力。

說到欣賞鼓勵，很多家長聽到都抓破頭。問他們孩子有何優點可讚賞時，他們總是說了開頭：「她的中文不錯，但數學就不行了！」正是「三句唔埋兩句就彈」。也有家長說：「很想推動欣賞鼓勵的文化，但在一個備受批評少讚賞的家庭長大，很難啊！」

欣賞鼓勵其實不難，是我們是否願意改變批評的惡習。現在，就從一小步做起：

一早起來，跟看更說「早晨」，感激他當值的辛勞。回到學校，跟保母車嬸嬸說謝謝她跟車的勞苦。見到校長，說「很欣賞他為學校帶來新氣象」。在商場食肆吃過飯，可以告訴他們「菜有多新鮮好吃」。回到家中見到孩子放下手機做功課，可以欣賞他的「專心與努力」。

說穿了，如果我們願意睜開眼睛去看看，張開耳朵去聽聽，到處都有可讚可頌的人物題材。問題只是，我們太習慣戴上批評投訴的眼鏡，以致看個個都不對勁，事事都有問題。

相信我，以欣賞感激代替批評投訴，我們的日子會快樂很多呢！

旅行，就是要大開眼界

暑假快到，很多家長都會帶孩子出外旅遊。

記得許多年前，問過一些小學生，暑假到哪兒去玩？那個年代，去日本旅遊已經是不得了。

最近，再提出這樣的問題，回答是「東歐、西歐、北極！」

心想，這一代的孩子生活富裕，還沒到十二歲，已經遊遍五湖四海。只是，**遊歷跟見聞是兩回事。如果去到一地，只是依書（旅遊書）遊覽，拍幾張照片的話，我的旅遊見聞跟你的，沒大分別。**

所謂「讀萬卷書，不如行萬里路」，就是從遊歷中增廣見聞。怎樣增廣？以下五點可作參考：

① **資料收集：**啟程前多作資料收集，了解當地風土人情，甚至景點的歷史，都有助對名勝的了解。

② **書店博物館等：**除了名勝外，書店博物館或科學館音樂廳等，都是了解當地文化藝術的途徑，不容忽略。

③ **跟當地人交談：**如果可以的話，盡量跟當地人交談，問問他們的日常生活與消費習慣等，都有助對該地風土人情的深入了解。

④ **找尋特色景點：**除了旅遊書所寫的，還有什麼值得去的地方，問問當地人，可能有意想不到的答案。

⑤ **每事問：**每到一個地方，帶着強烈的好奇心，遇到不明白的就問導遊或當地人，會學得更多。

就像剛過去的兩個星期，我與外子去了三藩市公幹。工作完畢，有幾天假期，友人説要帶我們看金門橋，遊國家公園。只是素來好奇的我，不甘於遊覽「指定」景點，遂向對方提出可否去矽谷看看 Facebook 與 Google 的大本營。沒想到友人真的找到朋友安排，讓我得償所願。

先説臉書吧。辦公室的設計，就是開放與透明。因為那是無牆的，連會議室的四道牆也是玻璃做的。換句話説，你跟誰開會跟誰聊天，外界一目了然。至於工作時間，當然是彈性與自由。公司還提供各類餐飲（西式中式日式韓式），還有各款冰淇淋甜品供員工隨時享用。最有趣的是，臉書的老闆不時會有一個開放論壇，任由員工發問，他會即時解答，員工十分受落。

至於谷歌，也是對員工照顧周到。友人帶我們參觀健身室，還有室外的沙灘排球場，還有一家對寵物友善的員工餐廳。看罷，終於明白為何年輕人那麼渴望到這些公司工作。

至於我，更是大開眼界。這不也正正是旅行的最大樂趣嗎？

找出心流

多少年了，仍記得那個畫面：跟一群中學生分享夢想，挑戰他們勇於追尋自己心底那把「火」，或那份推動他們前進的激情。沒想到講座過後，還有餘音：跟其中兩位老師聊天，原來講座點燃了他們的「電影夢」，最終他倆決定放下教鞭，重投大學唸電影去。

這些熱情的臉孔，他們對夢想的熱切追求，至今仍歷歷在目。

原來，當一個人（無論任何年紀）找到心中最渴望要做的事，然後奮力追尋，就會感覺快樂滿足。後來才知道，這股熱情有學者稱之為「心流」。這是一位匈牙利的心理學者米哈里 · 奇克森特米海伊（Mihaly Csikszentmihalyi）研究得出的結果。他曾致力研究那些特別有「創造力」的人，如頂尖運動員、音樂家、學者……等，發覺他們在投入所熱愛的活動時，都有一種近乎忘我的狀態。他曾這樣形容：

「當你在極度專注時，完全沉浸其中，效率和創造力提高，讓你忘記時間、忘記飢餓……」我一聽這理論，最直接的回應是：當我進入寫作狀態時，就是進入心流了。因為身邊人都發現我可以在周遭嘈吵的環境下，仍專心寫作，絲毫不被外在環境干擾，且樂此不疲的。

及後，「心流」這名詞，也成為我跟家長們經常分享的主題。

孩子為何不愛讀書？試試找出他的心流吧！讓他找到目標，加上不斷練習，並得到成功感（如熱愛羽毛球的他，打了幾個月羽毛球，就在比賽中獲獎，被教練大大賞識），孩子自信加強，覺得自己有能力做到。很多時候，孩子更會為了讓自己進入心流狀態，會把要做的功課做好，要溫習的書熟習了，好等自己進入心流的抖擻狀態中。

其實，打機給孩子的感官刺激也是這樣。因為電動遊戲有趣又有感官刺激，自己又能掌控，並且可以「升呢」得到獎勵，跟着調升難度接受更大的挑戰。但打機接觸的畢竟是虛擬世界，怎可跟真實的世界相比！所以真正的羽毛球，一定比單看羽毛球畫面按鈕來得「過癮好玩」。

我從不怕孩子找不到自己的心流，怕的只是，當孩子找到自己的心流，父母是否容許鼓勵，還是覺得這些夢想都「賺不到錢」、「遙不可及」呢！

原來，

當一個人找到心中最渴望要做的事，
然後奮力追尋，就會感覺快樂滿足。

終於開課了！

等了幾個月，終於開課了！身邊的家長，有喜，也有憂。

喜的是，終於可以鬆一口氣。不用每天想着要怎樣安排孩子的功課節目，催促他上課學習少打些機，還有每天三餐的膳食。

憂的是，孩子回校安全嗎？學校的安全衛生措施是否足夠？跟同學之間的互動是否放心？學習上能否適應等等，一大堆的問題。

問過一些學生，期待上課的也不少。他們希望見到同學，不想整天待在家中上網上課。不過，也有不少父母擔心孩子的作息時間未必可以及時調節，因為這幾個月來都是「晚睡晚起」，在家的「活動量低」，怕孩子忘了戴口罩及會否常用消毒搓手液。剩下來的就是，孩子在家懶散慣了，怎能盡快「回魂」投入學習。

不過這趟疫情籠罩下，的確改變了整個教育的思維模式。

從前覺得，網上授課是困難的，學生聽課也不會專心。

但幾個月下來，聞説不少學生都習慣了，而且自學能力也是這樣鍛煉出來。至於老師，特別是那些抗拒新科技的，都學會怎樣善用網上資源授課，也有不少學會了拍片剪片，對着熒幕授課也揮灑自如。

至於家庭，更有很多新的發現，如有不少媽媽告訴我，親子時間多了，跟孩子一起做蛋糕，一起聊天玩耍的時間多了，共敘天倫，樂也融融。

最近讀到美國「今日心理學」網站（Psychology Today）的一篇文章“Parents Don't Want Cray Schedules Back After Coronavirus”，提及不少家長「十分享受」在疫情中與孩子在家的互動，不想回到正常，因為平日他們生活忙碌，每個週末都把孩子送到不同的興趣班學習，好讓他們的潛能得到發揮，甚至寧願犧牲親子時間。但疫情一來，發現孩子的自學能力極高，以前想跟孩子做什麼都沒有時間，現在卻是「大把時間」。**更有不少家長認為，過去的所謂「日常」，可能有點「反常」。如今要回到正常，卻要好好思考，對親子來說，什麼才是對孩子好的「正常」呢？**這個問題，是否香港家長也該好好思考呢？

如今要回到正常，

卻要好好思考，對親子來說，

什麼才是對孩子好的「正常」呢？

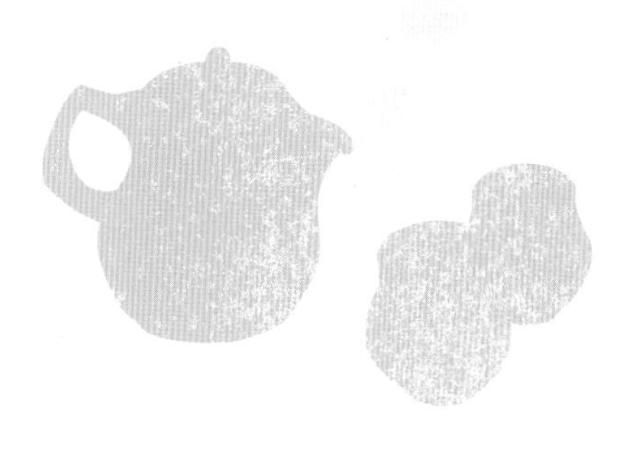

斜槓青年

這天，一位媽媽憂心忡忡跟我說：「我的兒子畢業了，不願意『正正經經』找一份工作，一時說搞音樂創作，一時又說搞網購，怎辦？」

她擔心極了。覺得兒子不務正業，更怕他將來沒有前途。

「我想他該是想當斜槓一族！」這是我的回應。

斜槓青年，正是全球職涯新趨勢，也是不少年輕人嚮往的工作模式。聽起來，以為是一個人可以做幾份工作，不用再當朝九晚五上班一族的自由人，甚至可以擺脫公司體制的約束，悠哉游哉做自己喜歡的事。

這只說對了一半。

若從 Susan Kuang 的著作《斜槓青年》對這族群的定義，其實是「一種全新的人生價值觀，它的核心不在於多重收入，也不在於多重職業，而在於多元人生」。作者 Susan 挑戰讀者要「想清楚自己要什麼」，「有否強大的自控力，有否一項或多項突出的才華與技能」，才好好考慮這種工作模式。否則，不如先花時間培養自己的實力。

這些問題聽來鏗鏘有力。通常，斜槓青年同時擔任兩份或以上的專業工作，並可以隨時因應需求而轉變。認識一位年輕人，他是網站站長，搞網購，同時又到學校做培訓，一身三職，忙得不可開交，但工作愉快。

這是我們這代難以理解的。過往的社會，一份工作可以做一生一世，現在簡直匪夷所思。對這一代的父母來說，更怕孩子活在這樣不穩定的工作環境之下，日子怎樣過。

坦白説，跟斜槓青年談過，就知道這並非他們的擔憂。對他們來説，**此時此刻能做自己喜愛的工作，就是夢想成真**。當然，也有些較現實的，會做一份正職，然後開始斜槓人生的副業。

斜槓人生聽起來好像很理想，但也有其風險：就是收入不穩定，工作難以預期，及工作與休息的界線模糊。難怪有些人告訴我，這種無邊界的工作模式，可能讓人更加容易墮入過勞耗盡的陷阱。

至於咱們這些斜槓青年的父母，奉勸大家一句：這是年輕人的選擇，就讓他們試踏出一步吧。**反正他們年輕，真的「輸得起」，網絡世界是充滿着創意與可能，讓他們試試也**

無妨。

我們可以做的，就是給些忠告，幫他搭通需要的網絡人脈。至於是否當他們沒收入時的「後盾」，可要再三思量，不要隨便答應啊！

學習的樂趣

晴晴在學校的功課一直不錯，除了數學。晴媽為此擔心不已，試過把她送進補習班，讓她天天做數學練習，以為成績會有進步，怎知晴晴愈來愈抗拒。

這天，看着晴媽憂心忡忡的臉容，忍不住問了一句：「你想女兒數學成績好，還是希望她愛上數學？」

「兩者有分別嗎？」

「當然有。數學成績好，可能因為練習多了，工多藝熟就是。但不一定有興趣，但若興趣一來，成績自然也會進步。兩者不盡相同。」

「唔，還是興趣重要些。」能夠這樣想，真聰明。

我的建議是：最好找一位對數學有興趣的哥哥姊姊或老師，啟發他對該科的興趣。

「你的意思是找一位真正愛數學的人當補習老師？」

「也可以這麼説。」道理很簡單，一個人對某學科熱愛（最好到達某種沉迷的地步），他定能精通，更重要的是他

懂得把這知識傳授跟啟發他人。

沒多久，收到她的電話，興高采烈地告訴我：「找到了。她是一位自幼就酷愛數學的年輕老師，口齒伶俐，晴晴上了第一堂就喜歡她，説她教得十分有趣。」

説穿了，學習不外就是這些重點：本身的酷愛，表達清晰，並且有趣。

從來相信，學習與有趣玩耍是分割不開的。

晴媽説這位老師從到超市買菜「格價」來啟發女兒，讓孩子覺得數學是「埋身貼地」的而不再抗拒，最後自然興趣就來了。

「那位老師一談到數學，眼睛就會發光似的，讓孩子覺得數學是門很有趣易學的。」對嘛，這就是學習的竅門。那情況就像有人跟我談到中文寫作，我的眼睛同樣會發光的。哈哈！

試過跟不少在學的同學談他們喜愛的學科，他們大多回答喜歡的原因是因為「老師教得很有趣，一點都不沉悶」。

素來，學習就該是一件有趣好玩的事情。所以，數學不一定要多做練習題，而是去超市學按預算（budget）買菜，作文課也不一定要閉門寫文，而是到街上繞一個圈看看每個人的臉孔，然後猜猜跟描述他們的心情，不是嗎？

現代孩子聰明得很，有趣的學習他會張開眼睛洗耳恭聽，沉悶的學習他就會借了「聾耳陳隻耳」，當老師「無到」。父母可要絞盡腦汁為他們尋覓能啟發他學習趣味的良師了，或找出能啟發他興趣的方法啊！

最緊要好玩

孩子都愛玩，成人又何嘗不是。

女兒常説，我是個愛玩的媽媽，完全同意。**怎樣定義「愛玩」？就是不能因循，充滿好奇，喜愛新鮮，酷愛冒險，甚至相信任何事情只要「好玩」就能啟發孩子學習。**一直都本着這樣的態度去接觸身邊的孩子，甚至成人。

至於在實際生活中，如何實踐這種「好玩」精神，且讓我娓娓道來：

不能因循：每天吃同樣的早餐，不行。怎樣也要改改？就算上班到同一個地方，我也會嘗試走走不同的路徑。教孩子也是一樣，近日跟歲半的乖孫玩耍，不到幾天他就會厭倦前天教他的玩意，逼着我要絞盡腦汁想想新玩意。

充滿好奇：別以為我們對世界的事物知道得很多，其實很少。比方説海洋世界，我們知道多少種魚類？還有植物世界，有多少不同種類的樹？最近教學生寫作時，用了一張「彎腰的樹」的照片，孩子突然問：「老師，這樹的名字是？」讓我啞口無言。愈來愈覺得，我們所知道的「有限」，孩子的問題讓我們也追求答案，也長了知識。

喜愛新鮮：我是那種會買從沒吃過的食物，到餐廳會點那道聽起來不知是什麼食材的菜，友人說我貪新鮮，可能是吧！其實，一個人要保持學習精神，就是要這樣追求那些「聽所未聽，問所未問，聞所未聞」，對任何事物都嘗試從一個新觀點看待。就像這趟疫情，看似讓大家都困在家中，很不方便，但可以問問孩子：你在疫情中看到什麼有趣的，好玩的？他們的答案肯定會讓我們驚訝。

酷愛冒險：記得小時候最愛的活動就是去探險，特別是到郊外時，總會找一些不尋常的路徑來走。現代孩子極缺乏這種鍛煉，讓他們對任何陌生事物都懼怕。曾問過班中的學生，通常都是在泳池學游泳，有機會試過海上暢泳的，少之又少。

學習與玩耍：一直覺得，孩子在玩耍中學習，會學得更快，記憶也更深刻。所以自女兒上學後，我便想到很多有趣的招式，讓她對學習產生興趣。以寫字為例，我會把字分成「頭」、「身體」、「腳」，如果把字寫歪了，就跟她說是這個字的「頭」歪了等等，她會特別投入去改。

其實，好玩不一定需要大量玩具，更不需要上網打機。而是我們願意放下手機，全神貫注陪着孩子，動動腦筋想想可以怎樣把事物變得有趣，孩子若有反應，就知道自己成功了。

一個人要保持學習精神，
就是要這樣追求那些
「聽所未聽，問所未問，聞所未聞」，
對任何事物都嘗試從一個新觀點看待。

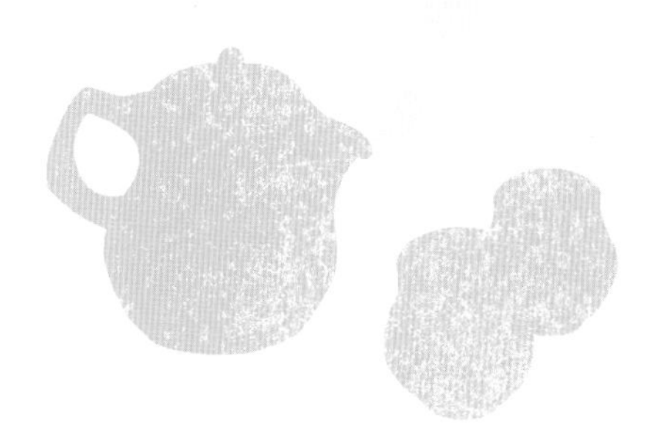

家庭儀式，父母要識

為人父母的，總渴望給孩子一個難忘的童年。

所以一到假日，總會帶他去旅行，生日了就送他一份「他最想要」的禮物。這些舉動不是不好，但「人有我有」的話，他未必會珍惜。**反而一些日常持久的程序（或重複的行為），讓孩子有所期盼，也增進一家人的親密感。**

記得孩子一兩歲時，每早我就會定時跟她爸走到她牀前，凝望着熟睡的她。輕喚着她的名字，然後看着她逐漸醒來，揉揉眼睛的樣子，我們笑了，孩子也笑了。這是我家喊起牀的儀式，就是讓孩子一覺醒來就看見父母的笑臉。

記得幫孩子洗澡時，我總會摟摟她，跟她説「媽媽好愛你」，她也回應「我也是」，再親親她的額頭。這是我特意的，希望她記得父母的愛。

不可不提的，是晚上一家人握着手禱告。將所掛念的朋友逐一提名放在禱告中，讓孩子明白關懷自己之外，更要關愛他人。

不瞞你説，這些日復一日推行的程序，至今仍是孩子難忘的回憶。

其實，每一個家庭，都可以有自己特定的儀式。

如在飯桌上，有父母要求孩子要叫人吃飯才動筷。

如孩子一放學回家，就會抱抱媽媽。

如孩子面對考試，一定會收到爸媽留給他的打氣零食或小便條。

如吃過飯後，要幫忙將碗碟放進廚房並協助洗滌。

如孩子面對恐懼或不知所措時，總會用爸爸教的「用力吹五口氣」:「吁吁吁吁吁」的，將恐懼怪魔吹走。

總覺得，**怎樣的儀式並不重要，重要的是讓孩子體會親子之間彼此關愛的那份心意**。見過有媽媽要求孩子在備餐前要幫忙洗米洗菜，讓孩子親力親為，那頓飯他會吃得更津津有味。

最近拜讀《家庭儀式》(作者為梅蘭妮·葛列瑟及艾克·霍佛曼)，憑着他們接觸幼兒的經驗與心理學的專長，道出了家庭儀式的定義，就是「特定的情境或時間點，所做的『有意識的行為重複』」。這些不間斷持續且固定重複的行為，都是一種儀式可讓「孩子規律生活」、「讓你的孩子擁有強健的人格，而且還會負責」，正正是這一代孩子最需要的規律操練。

而父母最大的回饋，就是見到孩子受落，每天期待着父母會這樣做，並將之傳承下去。就像這個早上，因為掛念乖孫，女兒用 Facetime 打來，見到喊乖孫名字時他那伸手踩腳的快樂模樣，不正正如往昔我們喚醒女兒時的反應嗎？

家庭儀式，聽起來好像深不可測。説穿了並非什麼難以實踐的理念，只是日常活動而已，但卻是父母不得不學、不得不懂的啊！

童年不識哀滋味

我的正職是親子教育，其中一個副業是教導孩子寫作。不經不覺，已教了十多年，也是最享受的工作之一。

今年因為疫情，挑戰我開始網上授課。見到學生們舉手踴躍發言，我就樂透。這趟課程是以情緒為寫作主題，其中一個要教導「哀傷」。別以為這個題目容易，對很多孩子來說，原來很「超現實」。

問他們的童年，有什麼哀傷的事情？

「我最愛的筆袋給同學拿去了！」

「家中的烏龜死掉了！」

還有呢？

「我被同學嘲笑，說我……」

但怎說，這些都是一些生活小事，除了死掉一隻龜以外，好像跟哀傷扯不上關係。最後，我以自家小貓乖乖一直陪伴動過大手術的我，直至一個星期後因腎衰竭死亡，作為「哀傷」的引子與同學分享，他們才對哀傷像開了竅似的。

到交稿了，心想：這班小子會寫些什麼題材的哀傷故事呢？

收到功課後，居然看到有一位同學，寫媽媽去世。也有些說是同學離開了，還有的是寫心愛的小狗病死了。都寫得感人肺腑，叫人動容。

很快上課了，見到他們期待的臉孔，忍不住說：「同學們都寫得很好，很認真，讓羅老師讀後十分感動！但一直想問大家，你們寫的都是真事嗎？」

突然，見到鏡頭前的她在拚命搖頭（就是寫媽媽去世的那位），也有不少同學跟着在搖頭。

「怎麼？你們寫的哀傷故事都是假的？」我忍不住問。

「是啊！作文嘛，當然是作的啦！」

「但羅老師真的信以為真啊！我被你們騙了……」哈哈，故意這樣說看他們反應。

怎知道，有一位同學很坦白地回答：「老師，我們的童年哪有什麼哀傷！」這才是「事實」。

我明白了，這一代的孩子都很幸福，在家中「要什麼有什麼」，物質不缺。至於生老病死，由於上一代仍健在，就算六七十歲的公公婆婆仍是身壯力健，還沒跟「死亡」打過任何交道。所以筆下的哀傷，只是想像，並非真正的經歷。

童年不識哀滋味，是這一代孩子的寫照。**他們活在父母的呵護下，不曾經歷過風霜，也沒嘗過親人猝逝的滋味，真的很幸福！但也怕他們生活過度美滿，而經不起後來日子的風吹雨打啊！**

新年計劃

還記得那年，知道娟妹患了不治之症。怎知在歲首年終跟她見面的時候，她遞來一張新年大計，列出七大範疇，如健康信仰事業人際等等，每一個範疇寫下三個實踐的行動。

我看着，有點詫異。她卻堅定的說：「難道新年願望就是只有養病嗎？**日子還是要過，更要有目標地過！**」

同意！佩服！雖然今天娟妹已在天家，但她的紀律與節制，對夢想的堅持，卻是我心感佩服的。

不錯，很多人都覺得 2020 年過去，疫情嚴峻，對未來一年不敢寄予厚望，甚至什麼計劃都不做，實行「隨遇而安」。這是一種說法。但幼承庭訓，老爸每年都會問我有何計劃，甚至要交「專案」給他過目研究，對新年計劃已經習慣。

其實，新年計劃不一定要什麼鴻圖大志，有時，只是建立一個習慣，又或者讀一個課程，培養一種興趣，什麼都可以。**總之，就是不能原地踏步，停滯不前。**

記得某年，我的新年計劃就是面對原生家庭的傷痛，參與了一個成長小組。幾乎每個星期都要交一個功課，自我剖

析原生家庭（特別是父母）對自己正面與負面的影響。也是在那個時候，學懂更客觀審視家人在生命中留下的痕迹，並學習怎樣去蕪存菁。

年終時常被問有何「新年願望」，到這把年紀卻覺得「新年計劃」更好，因為是將願望化成行動。怎樣訂下可實踐的計劃，愚見認為先定三五個個人最關心的範疇，如家庭事業人際運動學習等，再在每一個範疇寫下一兩個具體行動，並將之印出來貼在當眼處，每天提醒自己。然後，就要做好準備，如一星期做三次運動的話，最好鎖定時間，若想在學習上要學日文的話，就要趕快報讀等等，不要一拖再拖，否則計劃就會轉眼成空。

友人告訴我，她定新年計劃的目標，就是想「活出最好的自己」。所以她生活的優先次序就是家庭信仰健康事業人際等，然後寫下行動。如家庭就是「每星期一定騰出一天跟家人專心共敘天倫」，信仰是「每天用十五分鐘閱讀聖經」，至於健康則是「一星期有三天會做半小時的運動」等，不讓自己慵懶停頓，深信有紀律生活的她必定能心想事成。

當然，實踐計劃耗時，有時更會眼高手低，所以可作適度調整，最後可能會由五個範疇減至三個。總之，就是要坐言起行，走出第一步啊！

年終時常被問有何「新年願望」，
到這把年紀卻覺得「新年計劃」更好，
因為是將願望化成行動。

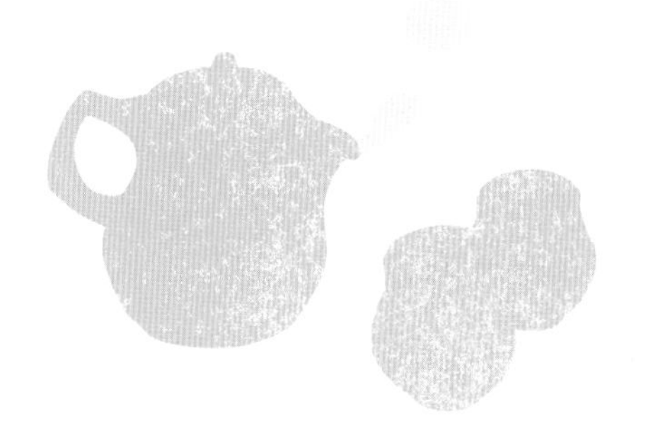

茶之酸

要害羞的孩子打招呼……

已經不止一次，碰到父母問這樣的問題：「我的孩子見到人就很怕羞，叫他跟人家打招呼，怎也不肯？」

有些更誇張：「什麼招數都用過，她小姐就是不肯。很沒禮貌！」

把招呼跟禮貌扯上關係。在父母心目中，孩子跟人打招呼是基本禮貌。不打，不單是沒禮貌，更是沒教養。這才是最關鍵的。孩子沒教養，當然是父母之過，也會讓父母沒面子。

曾幾何時，女兒小時候，這也是我的「死穴」。每天早上見到鄰居，人家總說：「妹妹，早啊！」女兒一聽，就會躲到我屁股後，不吭一聲。無論我用盡方法，她小姐就是不肯也不願叫人。

友人問我，到最後我是怎樣克服這種「不打招呼」的尷尬。

「就是接納孩子害羞的個性，特別是我這種『唔怕醜』的脾性，更需要接納她。」

是的。一樣米養百樣人，大膽進取的媽媽居然生了個膽小退縮的孩子，我常說這是上帝要磨練我個性的「秘密武器」。

試過逗她玩的方式，玩「打招呼」遊戲。如跟家中的毛公仔打招呼，也試過角色扮演，我扮某長輩跟她說聲「嗨」，訓練時好端端的，但總是臨場退縮，拿她小姐一點辦法都沒有。

直至某天，我自問：「為何一定要孩子見人就打招呼，她是個慢熱觀察型的孩子，到跟人熟絡一點以後，就會跟長輩互動，那有問題嗎？」

腦筋搞通了，對孩子的接納也多了。

看看眼前的父母，總是擔心孩子不打招呼會闖禍似的。打聽之下，才明白他們是怕孩子不懂打招呼，考入學試會比別人吃虧。

「你的女兒才兩歲，來日方長。試試不同方法，最重要的是以身作則，讓孩子看到爸媽對人友善，她自然會有樣學樣的。即或不然，也可以教導她在別的方面對人有禮，如說多謝之類。」

不過，**最重要的還是接納孩子的本性。特別是那些敏感慢熱的孩子，要她做違反本性的事情，比登天還難。**至於要孩子說多謝，也可以有不同版本，如以微笑點頭代替，或送對方一個飛吻，握手道謝等等，各種「花款」都有。孩子做到了，便加以鼓勵讚揚。

要教導害羞的孩子有禮貌，其實不止「打招呼」一個形式啊！對嗎？

催化孩子興趣的緊急掣

每年教高小孩子的暑期寫作班，是我工作中最美好與期待的。特別在這段風雨飄搖的日子，看見孩子的閃爍的眼神，被一兩句中點的話挑旺了的寫作熱誠，總會逗得我心花怒放，煩惱盡消。

友人問我，難道沒遇見過「激氣」的學生嗎？總有。但我深深相信，**每個看似頑劣的孩子背後，總有一個可以催化他興趣的緊急掣。這個掣易找嗎？說易不易，說難不難。要求的是觀察力、耐性，還有鼓勵的話。**

坦白說，每一年的暑期班，都有些寫作動機特別弱的學生。今年也不例外。這些學生的特徵是超愛回答問題，而且雄辯滔滔，但不知怎的一到執筆寫作，他們就像「被點穴」似的，一個字都寫不出來。

曾試過旁敲側「勵」地說：「看你平日回答老師的問題都很有急才，腦袋該有很多墨汁，或新的意念，試試寫出來啊！」這種鼓勵，第一次奏效，第二次就不靈光了。

像這個暑假班中的小郭，雙眼精靈有神，回答問題時舉手最快，但一到拿筆寫文就如千斤重。

「怎麼？沒靈感嗎？」他點點頭。看他的原稿紙，又真的是一個字也寫不出。嘗試走到他身邊，引導他按題目寫一兩點，他竟説：「我不愛寫字！」

怎辦？

當時我問自己，可以撒手不管嗎？反正是興趣班，他少爺沒興趣，怎逼也逼不來，還是去引導班中其他學生好了。還是鍥而不捨去找他的緊急掣？

我選了後者。而激勵學生也正正是老師責無旁貸的任務。

這天，他回答問題，怎知道答錯了，被同組的組員怪責。只見他低下頭，默不作聲。很快輪到第二題搶答，他的組員舉了手，答錯了，我見他在唸唸有詞，遂問他：「你嘗試補答好嗎？」

「不，我一定錯的！」

「還沒回答，怎知道一定錯！來，試試看！説呀……」

他終於抵受不住我的慫恿，說：「答案是否『手足無措』？」

「全對啊！」我拍了他一下肩膀，給他一點鼓勵。他在耳邊輕聲對我說：「我以為自己錯呢！」

「要嘗試，不要放棄！」

聽到這話，他笑了，開始見到他眼眸裏的光芒。

到那天寫「我的自白故事」，他舉手問字：「老師，漠視怎寫？」他寫的是一棵從小沒人注意，被人遺棄「漠視」的小樹。讀着，我對他更明白了。那篇作文，他突破了自己，寫了共六行。

看着他帶着笑容離開教室，還有那依依不捨的眼神。我深深感受到按中了孩子興趣緊急掣的那份愉悅。

照顧，
還是不顧？

家有一老，如有一寶。但另一方面，也可以是一個很大的「壓力煲」。特別對家有長期病患的高堂，下有孩子要照顧的父母而言，更是百上加斤。

像她，好想約她出來吃個簡單的午餐，卻很難約。要不是要幫孩子溫習功課預備考試，就是年邁的父母生病，要帶他們覆診看醫生。

「還是不要見面了，我怕走了沒有人能『搞掂』兩老……」就這樣，日復一日，她被「困」在家。

「無論怎樣，也出來走走，給自己喘氣的空間！」我再力勸。

「不，我就是不放心！」她就是放不下，我只有放棄。

這種照顧上一代的壓力與矛盾，老爸在生、女兒童年時我也經歷過，所以深明箇中掙扎。那時滿以為媽媽走了，照顧老爸是挺簡單的事，哪曉得除了每天安排菲傭照顧他的起居飲食之餘，最難搞的還是心靈的陪伴。

每天，都會收到他的電話，問着相同的問題：「你吃什

麼菜？怎煮？」然後，就是很多不同的要求，如何時跟他外出吃飯（不是每個星期都要回家吃，為何還要外面吃？），家中水電壞了要修理及代他打電話給銀行查詢等等，對於當時仍在上班的我，感覺是「不勝其煩」。

偶而，也會耍耍脾氣，不聽他的要求，或盡量「拖得就拖」，到他老爺有點火了，講了些氣話，我又會轉念。還記得多少個發生小衝突後的晚上，自己心情平復了，就會自責：「老爸年紀大了，有這樣的要求，也不為過。若拒絕，真是不孝啊！」就是這樣，把自己推向照顧的前線，省略了個人的休閒，減少了跟老公的二人世界時間，將自己陷在照顧老爸與教養孩子的漩渦之中，幾乎把自己淹沒了。

「**你要先照顧好自己，才能照顧家人。**」忘了是誰在耳邊忠告，這句話卻如晨鐘暮鼓，將我敲醒。

是的，要照顧好自己：每天盡量好吃、好睡、好拉（腸道暢通）、好動（多做運動），把身子打好，才有精神體力應對兩代的要求。

「你知道嗎？有高堂可照顧，是你的福氣。」是的，但更愈來愈明白，**不能對兩代有求必應，正是「照顧」有**

時，但過度勞累後「不顧」也有時，免得疲乏的我說了些傷害對方的話。這才是體驗過後的「照顧之道」，而這道理，沒有經歷過的人是不會明白的。

不易解的依附情結

我記得他，每次來上課的時候，都帶着幽幽的眼神，總是一聲不響坐在課室一角。

「你叫什麼名字？」沒反應。

「誰送你來上課？」沒反應。

「可以出來跟老師談談嗎？」聽到這話，他立刻瞪着怒眼，拉着椅子往後退。

幾堂下來，對他一點辦法都沒有。問，沒回應。講故事給他聽，也是一臉茫然。

最後，他連課堂都不願意進，就是想黏着媽媽。那天，看着他母子倆依偎着離開的背影，感覺可惜。

「為什麼這個小男孩像長不大似的，要一直黏着媽媽？」已經高小了，該是獨立的年紀，為何還是纏着媽媽不放？這到底是誰的問題？

如果要我猜，會覺得這是一種黏貼依附的關係。

依附，本來就是親子關係的一環。**適當的依附與分離，是親子之間必須學習的功課**。身為父母，總是想孩子需要自己，嚷着要「媽媽」，但也知道孩子若長大，需要學習自主獨立，就要離開父母。所以，放手鼓勵孩子離開自己，是為人父母的必修課。

但若過度依附的關係，一邊不願放手，另一邊也不願離開。意思就是每當母親離開的那刻，孩子就出現強烈的情緒反應，孩子有所需索時，母親也會盡所能滿足他的需要等等，都會讓母子關係呈現難以拆解的依附狀態。

見過一對依附型的母女，至孩子婚後，媽媽仍是如影隨形的關顧。家中事無大小，如買家具，日常購物，媽媽都會幫女兒打點，在女婿眼中，這位岳母大人實際上是老婆大人的「跟班」。她的無微不至，每天電話的暄寒問暖，在外人眼中是個「好得無比」的媽媽，但在女婿眼中卻如一個「不能擺脱的陰魂」。

通常，這些依附型的母子（或女）關係中，母親多跟自己的丈夫關係疏離，將所有寄望與感情都寄託在孩子身上，形成這種看似難以分割的糾結。**除非母親醒覺，願意跟孩子學習分離，否則這種依附的關係，將影響到孩子成長後**

的其他關係（包括婚姻）。

寫到這裏，想起那對母子的背影。我會永遠記得，這個從第一課到最後一課，都從沒開過金口回答，也沒寫下一個字的學生。只怨自己沒有勇氣多走一步，跟他的媽媽談談，鼓勵她放手讓孩子嘗試走自己的路，但我就是沒有……唉！

母女間的依附情結

這天，約了朋友午餐，知道她跟女兒的關係出現了點問題，滿臉愁容的樣子。到底發生了什麼事？

「也沒什麼，只是我一心一意打算陪阿女到外國唸書，她卻一口拒絕，說什麼自己已長大了，不用我擔心！」說着，已經熱淚盈眶。

「也許她真的覺得自己長大，不想你舟車勞頓呢！」

「不！不！把她養得這樣大了，現在有手有翼，就想甩掉我這個老媽……」此刻她已淚崩，哭至聲音也沙啞了。

待她情緒平復後，忍不住問：「你最渴望女兒怎對待你？」

「當然希望她別拋棄我啊！」其實，女兒從沒說過會離棄母親，渴望自己能到外地唸書，不用媽媽陪伴，說到底就是要求「獨立自主」而已。知道友人自幼就很疼這個寶貝女兒，她要什麼就送什麼給她，總是無條件地滿足她的大小要求。

友人的情況，讓我想起碰到的不少類似的、「母女過度

依附」的例子。就是生活中過度以孩子為中心，願意犧牲為孩子付出，同時也盼望孩子能努力回報。若孩子的回應未能符合母親的期望，為母的就會感覺受不了，感覺憤怒自責，甚至懷疑是否自己的教養出了問題。而在這種「付出與接納」的互動關係下，便會形成一種「共同依賴」，就是媽媽願意繼續付出，孩子繼續接收，彼此都覺得要「互相依賴」對方，才能長此以往生活下去。

這種關係在孩子年幼時不會察覺，會視之為愛的表現。但當孩子逐漸長大，到有天出國唸書，母親已感覺生活失去重心，不知所措。直至有天搬離家人，結婚生子，母親的失落與孤寂感會更大。

不要老是說別人，當女兒結婚之後，我也真的有些不習慣。以前，她是我的女兒，婚後，她是人家的老婆。身分改變了，跟娘家的關係也會改變的。現在，有時想邀約她回家吃晚飯，她都要跟老公商量。

友人聽到，反應很大：「什麼，回娘家吃飯也要跟老公商量？」是啊，我也會尊重她的決定。因為明白她已是人婦，更是乖孫的媽媽，有着這雙重身分，顧慮也較多，我們可以做的就是體諒包容，才能減少誤會。

坦白說，疼愛女兒的媽媽多少都有一種依附的情結，但知道這會窒礙孩子的未來與彼此的關係時，就該把這個情結鬆開了。

偏心不是罪

有位媽媽曾問我：「家中有三個男孩，老大總是說我偏心！但我覺得自己沒有！」

其實，偏心是很主觀的。通常，是孩子覺得有，父母覺得沒有。這是觀點與角度的問題。

這位媽媽的故事很容易解讀。大概就是生了第二第三個孩子後，分身乏術，疏忽了對長子的照顧陪伴，老大便覺得媽媽偏愛兩個弟弟。

另外一個聽到的例子，就是其中一位孩子有學習或其他障礙，父母把心思時間都放在他身上，以致忽略對其他孩子的照顧。這也是常見的。

當然，更普遍的，是一個乖巧一個反叛。那乖巧的，當然得到父母的歡心寵愛。那反叛的，就成了家中的黑羊。

不要說父母，就算老師也會偏心。偏心誰？就是那些用功讀書，品學兼優的。

偏心，不是罪。有些時候，更是人之常情。誰聽話就疼誰多點，誰需要關心就給誰多點，就是這樣簡單的道理。

咱們那個年代，更是重男輕女。父親偏心兒子，是天經地義的事，做女兒的也不敢吭聲，只有啞忍。

如今，時代不同了，孩子的聲音最大。

一句「爸媽偏心」，父母就不得不就範。總是想盡辦法，讓孩子感覺父母「個個都愛個個都錫」。小至買玩具衣服必定一人一份，大至父母每趟帶一個孩子去外地旅行，都是我耳聞目見的例子。

也聽過有父母刻意「補鐘」，就是約會那感覺被忽略的孩子，讓他感受父母對他寵愛有加。

偏心的感覺，會否因為父母刻意的「補足」而消失？可能吧！不過更重要的是，當孩子年歲漸長，對父母愈來愈多體諒接納，明白他們一方面要工作養家，一方面又要兼顧孩子的身心靈需要，實在難以平衡。但隨着兒女長大成人，日漸懂事，開始有自己的朋友，看見自我的價值，對父母的愛也少了一種需索苛求。

當然，也見過一些真正「偏心」的父母，總是對某一個孩子讚不絕口，另一個卻是不屑一顧。明明兩個都是自己親骨肉，卻會愛這個嫌那個，最後的惡果就是手足相爭，兄弟反目。碰過這樣的家庭，也曾出言相勸，父母當然否認，但看見那失寵缺愛的孩子楚楚可憐的眼神，至今仍難以忘懷。

偏心，千萬不要過度。否則對孩子的傷害，絕非三言兩語或買份貴重禮物就可以彌補的。

與「四大長老」過招

這一代父母，除了養兒育女之外，最頭痛的事，莫過於跟雙方的四大長老（就是子女的外公、外婆、爺爺、嫲嫲）相處。特別在疫情期間，不少「長老」跟我投訴，兒女不讓他們探訪孫兒，因為怕接觸傳染。

「他們美其名說怕孫兒生病惹到我，其實是怕我會一個不小心把病菌傳給乖孫。」有長老告訴我，以前一個星期見乖孫一次，現在一個月頂多見兩次。

最近工作的機構開了一個二代之間如何溝通的講座，聽到年輕的母親在訴說四大長老教養的那套已經過時，對孫兒的過度溺愛更讓他們十分煩惱，怕孩子被他們寵壞。

過去，我曾是年輕父母，也常覺得上一代的教養方式守舊，不合時宜。如今當了婆婆，變成不折不扣的上一代，看法不一樣了，也開始體會上一代的心情。最近常被追問，年輕父母該如何跟「四大長老」過招。如今榮升長老之一的我，該有資格說說，以下是送給年輕父母的幾句四字真言：

先別拒絕：四大長老有一個共通點，就是愛孫成狂。他們做什麼，動機都是出於愛，如果年輕的一口拒絕，什麼都說「不要」、「不用」，會讓他們感覺難受，關係也變得緊張。**所以先別逆其意，想想有否皆大歡喜的雙贏策略**。如他們買了很多的零食給孩子，可以先收取一兩包，然後叫他們拿回家放着，到孫兒來探訪他們再拿出來吃，好讓乖孫知道公公婆婆的愛隨處都在啊！

避重就輕：四大長老的縱容方式，如放任地買玩具零食，放任地讓孩子玩耍看電視或玩電子遊戲之類，如果樣樣都跟他們抗衡的話，只有兩敗俱傷。**倒不如夫妻之間先有默契，看看在這些所謂「難忍」的事情上，孰輕孰重，哪個是非要阻止的，哪個是可以「隻眼開隻眼閉」的**。如果是奶奶縱容，最好找丈夫跟她談，如果是外母問題，最好找她的女兒跟她講，總之對口要適當，千萬不要是婆媳，或女婿跟岳父之類。

事先聲明：說真的，這一代的長老開明多了。若能早些告知自己的教養方式，如孩子跌倒不一定要百般呵護，反而是要他學習自己站起來的，並示範給他們看，長老們自會配合。又或者傳一些有關健康食物的資訊給他們，讓他們知道要建立孫兒健康飲食的習慣，需要兩代的合作努力。

童真童心：四大長老不少有返老還童之心，有時買些小禮物或零食，或讓乖孫來個「突襲探訪」，他們已樂透，面對衝突時，有時也可轉換話題轉移他們的注意力的。總之，四大長老也是「大細路」，不難搞的啊！

四大長老有一個共通點，
就是愛孫成狂。
他們做什麼，動機都是出於愛。

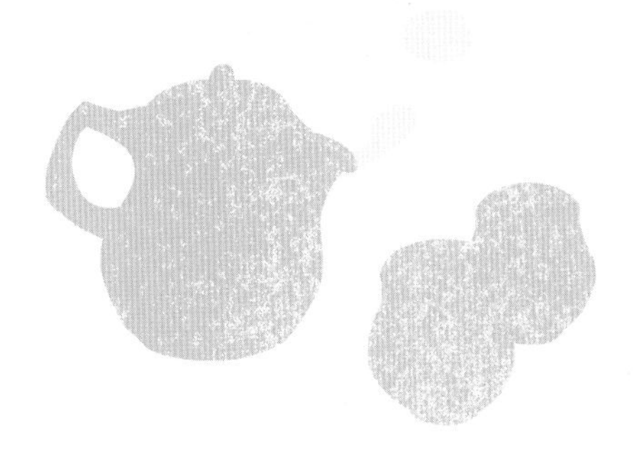

疫在家中

疫情反覆，學校復課又停課。這幾天接連收到會議跟飯局取消，好像那些「疫在家中」的日子，又要捲土重來。

疫情下，到底我們面對怎樣的壓力？以下是一些觀察：

- **失去常規，失去安全感**：以前是每天的時間固定的，什麼都有安排。現在是安排不來，失去了那種恆常的「安全感」，好像什麼都計劃不了，要隨時變陣。

- **不能外遊**：這對不少像我這般年紀的人，是最苦的。本來一兩個月就外遊探親或兩口子逍遙，現在什麼都沒了。

- **家庭中的困獸鬥**：長時間在家對着，親子甚至夫妻之間都很容易發生衝突。

- **繁重的家務**：對家庭主婦來說，一天三餐都要在家中煮，完全沒有休息的空間，好勞累啊。

- **失業減薪加班的憂慮與壓力**：經濟不景，公司裁員，家中頓時失去經濟支柱。又或者公司人手減少，每個人的工作量增加，都會讓打工的焦慮不堪。

- **抑鬱病發：**這段「悶得發慌」的日子，聽到有不少人情緒病發，難以收拾。

- **親人或家人患病的壓力：**患病甚至彌留都不能（或不易）探訪，對家人來説，是個很沉重的擔子。

以上只是某個角度的觀察，但已經夠我們不知所措的了。有心理學者説，在疫情期間最難搞的情緒，叫做「孤單感」。

很多人以為，我們天天上網，那兒這樣多朋友，這樣多like，怎會感覺孤單？不。那些都是見不到面觸不到的「關係」，根本虛實難分。所以面對疫在家中，如何排遣寂寞，可以做的是：

- **嘗試致電關心掛念的家人：**特別是長輩。因為他們不便外出，整天關在家，能收到家人的電話，甚至上門拜訪，都會讓他們開心。

- **約會好友：**這些日子，真是好朋友的話，總會願意出來見個面喝杯茶的。三兩知己有空出來透透氣，吐吐苦水，甚至大家拿着午餐來個 Zoom lunch 也是樂事。

- **家人輪流休息：**疫情下，親子之間「朝見口晚見面」，一天二十四小時不停的照顧，很容易把人拖「累」，所以最好夫妻輪流照顧孩子，讓另一半有喘息的空間。

- **享受天倫之樂：**其實想深一層，平日各有各忙，一家人難得如此緊密聯繫，有空就玩玩桌上遊戲，一齊試煮新菜式或做麵包之類，也是一個難忘的經歷。

疫在家中，不等於一定要宅在家中。我們可以運用創意想像，把這段被迫留家的日子，變成樂趣無窮的。

讓孩子遠走高飛的抉擇

我是在十六歲那年，獨個兒坐飛機到美國唸書的。仍記得上飛機前的那個晚上，媽媽要我答應她兩件事：一是不能碰毒品，二是不可以滑雪。前者是她從友儕聽到那邊的學校很開放寬鬆，後者是怕滑雪跌傷脊骨變傷殘。當時為了能離家遠走高飛，什麼都答應。

結果到了彼邦的私立中學，果真的「大麻」處處，但我信守承諾，真的沒碰，當然也沒試過滑雪，到底那是昂貴的活動嘛。

那些年，父母送子女到外地讀書，有一個潛藏的原則：**就是孩子已懂事，具備基本獨立自理的能力。也盼望子女在外地唸書，能學習到如何獨自自主，面對逆境（甚至歧視欺凌），培養堅毅力，並考進當地優秀學府。**所以當自己的孩子提出想到外地唸書的要求，我也堅持要求她唸完中五才離開。

近日，聽到不少家長想把孩子送到外地唸書，最主要的原因是「不信任香港的教育制度」（這個值得商榷），或想孩子有「愉快學習的環境」。至於孩子的年齡，更是從高小到初中都有。曾問過一些家長，把唸高小的孩子送到外地，放心嗎？

「那邊有親戚或監護人照料，該沒問題！」話是這樣說，也聽過不少孩子到了那邊難以適應，最後折返。也有些媽媽使出的殺手鐧是：飛到外地照顧孩子，寧願夫妻分隔兩地，其實對一個家來講，很不理想。

那到底怎樣確定孩子有足夠的能力，可以獨自遠走高飛呢？以下是一些可考慮的基本條件：

- **獨立生活技能**：如起碼懂得基本煮食洗衣，自己能照顧自己。

- **時間與情緒管理**：懂得分配作息時間，並管理控制個人的情緒。

- **與人建立關係**：懂得怎樣跟人交往，並有自己的界線，知道怎樣處理人際間的誤會衝突。

- **個人信念價值**：懂得分辨是非黑白，面對誘惑時懂得拒絕。

聽過一位媽媽跟我說，女兒到了外地很不適應，每天都打電話問媽媽意見。最後，這位孩子受不了在異鄉的孤單與獨自生活的艱難，留在異鄉不到半年就打道回港了。

所以每趟聽到有人把孩子送到外地唸書時，我都會苦口婆心潑點冷水，希望對方再三考慮。因為孩子走了就可能是「走了」，不一定會回到我們身邊。為人父母的咱們，真的捨得放手嗎？

要懂得愛自己

這天，阿莎打電話來訴苦：「我忙得快要瘋了！以前在家，孩子上學，老公上班，我還有一點時間空間。現在，一天三餐都在家吃，一天二十四小時都不夠用……」

説着，苦水一大堆。愈講愈無奈，我也愛莫能助。

「那為何不叫阿女幫忙？」畢竟，她的女兒已唸高中。

「她説要忙着上課，又要交作業，沒空！」

「那老公呢？」

「他説在家辦公，不停的網上開會，比上班還忙。」

聽來，好像家人都幫不上忙。她家中又沒請菲傭，結果家中大小事務，阿莎都要獨力承擔。

滿以為這是個別例子，怎曉得那天跟好姊妹聊天，她竟説認識不少家庭主婦，都陷入這種「照顧家人至筋疲力盡」的困境。為她們心痛之餘，也會多講一句，「要好好愛惜自己啊！這樣才有體力心力照顧家人。」

坦白說，這也是咱們女性的「通病」(或者「堅持」)。**永遠任勞任怨，不管自己死活地照顧家人。偉大點來講，是「犧牲」。但從另一方面看，卻是「不愛惜自己」。**

這個功課，我也是經歷多趟生病住院，才稍拿捏到的道理。許多時候，我們就像一部開盡了馬力的車子，不顧一切往前衝，將體力心力都榨乾了，身體撐不住了，才曉得要「停」，更難學的，是要愛惜自己。

怎樣愛惜？

好好休息：累了，就要小睡，不要硬撐。

好好吃飯：不要因為減肥這不吃那不吃，變成營養不良。能吃就吃，七成飽也好，最重要是補充體力。

好好喘喘：意思是，照顧一下子，休息一陣子，不要讓自己變成一根兩邊燃燒的蠟燭。其實像阿莎的例子，她可以試試要求女兒及老公分擔一些家務，減輕自己的勞累。

好好安靜：每天給自己一段屬於個人的時間，半小時也好，一小時更好，做自己喜歡的事。就算用來發呆，也是一種鬆弛。

好好聊聊：無論怎樣，都要有自己的圈子朋友，特別是吐吐苦水的同路人，一兩個就夠。

好好休閒：能培養一兩樣嗜好，豐富自己的生活，如種種盆栽，或繪畫，彈奏樂器等等，既可怡情養性，又可讓心靈平靜。

其實，自己也是這種性子的人，只不過大病過後，聽了旁人好友的規勸，逐漸懂得調校生活節奏，懂得愛惜自己之餘，也逐漸更懂得愛顧身邊的人呢。

作者	羅乃萱
責任編輯	周詩韵　胡卿旋
繪圖	張子蕎
美術設計	簡雋盈
出版	明窗出版社
發行	明報出版社有限公司 香港柴灣嘉業街 18 號 明報工業中心 A 座 15 樓
電話	2595 3215
傳真	2898 2646
網址	http://books.mingpao.com/
電子郵箱	mpp@mingpao.com
版次	二〇二一年五月初版
ISBN	978-988-8687-63-3
承印	美雅印刷製本有限公司